歴史文化ライブラリー
484

たたら製鉄の歴史

角田徳幸

吉川弘文館

目　次

たたらのイメージ―プロローグ……1
もののけ姫にみるたたら／いっしん虎徹／砂鉄のみち／たたらのイメージ／たたらの実像を求めて

たたら製鉄への道

鉄生産のはじまり……12
最古の製鉄遺跡／砂鉄製錬の始まり／箱形製鉄炉の成立

古代の鉄生産……19
古代の製鉄地域／古代吉備の鉄生産／古代出雲の鉄生産

中世の鉄生産……29
中世の製鉄地域／鉄年貢を納めた荘園／中世の製鉄炉／中世製鉄炉の特色／製鉄炉地下構造／製鉄炉地下構造の発展／生産された鉄／中世の精錬鍛冶／鉄生産システムの確立

中世鉄生産における中国地方……50

鉄生産地域の消長／鉄の二大生産地化／鉄の量産化と流通

たたら製鉄の技術と信仰

たたら製鉄の成立……56

たたら製鉄とは／高殿の成立／天秤鞴の導入／床釣りの整備／大鍛冶場の成立／たたら製鉄の成立

砂鉄と木炭……67

たたらで使われた砂鉄／川砂鉄・浜砂鉄の採取／山砂鉄の採取／鉄穴流しの作業／たたらで使われた木炭／木炭窯の大形化

製鉄場（山内）の施設と生産内容……81

山内とは／砂鉄洗場（内洗場）／高殿鉧／製鉄炉／製鉄炉の地下構造／高殿鉧の作業と生産内容／大鍛冶場の機能と作業／生産された様々な錬鉄

金屋子神信仰と金屋子神社……109

金屋子神信仰／金屋子神社／たたらで信仰された神々

海のたたら、山のたたら

海のたたら―石見・出雲沿岸部と隠岐……120
隠岐のたたら／海のたたら／川のたたら／越堂鈩にみる「海のたたら」／島根半島のたたら
山のたたら―出雲・伯耆山間部……132
山のたたら／「基幹鈩」の登場／鋼の生産と銅小屋／菅谷鈩にみる「山のたたら」
たたら製鉄の多様性……146
海と山のたたらを経営した田儀櫻井家／田部家の銑押たたら／近藤家の銑押たたら／近藤家の効率的な割鉄（庖丁鉄）生産／たたら製鉄の多様性

たたら製鉄と近代

幕末の反射炉鋳砲事業とたたら製鉄……160
佐賀藩による反射炉の築造／大砲鋳造用銑鉄の買い付け／薩摩藩による銑鉄の買い付け
幕末における石見系たたらの伝播……167
たたら製鉄技術の広がり／長門の石見系たたら／筑前の石見系たたら／肥後の石見系たたら／幕末における石見系たたらの伝播
たたら製鉄と海軍需要……177

明治時代の鉄生産動向／たたら製鉄の動力化／海軍需要とたたら製鉄／たたら製鉄の終焉

角炉の開発と技術改良……186

官営広島鉱山による角炉の開発／角炉の構造／出雲に導入された角炉／角炉の技術改良／角炉の原料／生産された木炭銑／生き残りへの模索

第二次世界大戦とたたら製鉄……205

靖国鉧と軍刀／たたらの復活／新和鋼／久村鉱山

東アジアの中のたたら製鉄—エピローグ……215

たたら製鉄の起源をめぐって／韓国の鉄生産／韓国の砂鉄製錬／中国の鉄生産／東アジアの中のたたら製鉄

あとがき

参考文献

たたらのイメージ――プロローグ

1　たたらのイメージ

もののけ姫にみるたたら

『もののけ姫』、宮崎駿監督のこのアニメ映画は、今ではたたらの代名詞である。森の木々を伐り倒し、山を崩して製鉄を続けるたたら、たたらを率いるエボシ御前、シシ神の森を守るために戦う犬神モロ、もののけ姫サン。そして、両者がともに生きる道はないのかと苦悩するアシタカ、それぞれが生き残るために戦う物語は壮絶だ。人間と自然の調和をテーマとした物語の中で、たたらは自然破壊の象徴として描かれる。モチーフとして、たたらが選ばれたのは、子供の頃、学校帰りに鍛冶屋で道草をしていたという宮崎監督の思いがあったらしい。

『もののけ姫』の時代設定は、室町時代、火砲の一種である石火矢《いしびや》が出てくるので、戦国の頃だろう。物語に登場するたたらは、実に細かく描写される。たたら村は、山深い奥山にあって、その周りは木の柵で囲われる。アシタカが最初にこの村を訪れるシーンでは、山を崩して原料の砂鉄を採取する鉄穴流《かんな》しや、燃料となる木炭を焼く炭窯が見える。製鉄炉は、高い吹き抜け天井をもつ大きな建物の中にある。その周囲には鍛冶屋が並び、職人が鉄を打ち延ばす。エボシ御前ができた鋼《はがね》を吟味する場面では、手にした木札に「玉鋼上」の文字が映し出される。こうしたシーンは、たたら製鉄をテーマにした博物館である島根県安来《やすぎ》市和鋼《わこう》博物館、日本で唯一現存するたたらである雲南市吉田町菅谷《すがや》鈩《たたら》などの取材を通して作り上げられたという。

いっしん虎徹

長曽祢虎徹《ながそねこてつ》は、よく切れる刀、業物《わざもの》を打ったことで評価が高い江戸時代前期の刀匠である。もともと越前の甲冑師で、江戸に出て刀鍛冶となったが、他の刀匠より抜きんでた業物が打てたのは、地鉄《じがね》の良さにあったという。この長曽祢虎徹をモチーフにしたのが山本兼一の小説『いっしん虎徹』である。

山本は、虎徹が越前を立ち江戸へ向かう前、慶安二年（一六四九）正月に奥出雲のたたらを訪れる場面から物語をはじめる。船で出雲へと向かった虎徹は、安来湊に降り立ち、鉄問屋の仲立ちで仁多郡の鉄師（たたら経営者）櫻井家のたたらへとおもむく。そこで虎鉄がまず目にしたのは、雪に埋もれた大屋根、高殿《たかどの》と呼ばれる製鉄場の建物だ。その中央には製鉄炉があり、村下《むらげ》（技師長）が砂鉄、炭焚《すみたき》が炉に炭をくべ、番子は鞴《ふいご》を踏み続ける。炉の底には、三日三晩をかけて鉧《けら》、鋼を含んだ巨大な鉄塊を育てる。村下は虎鉄に「こげに大きなたたらをこしらえたのは、初めてじゃけぇ、よう分からんが、五百貫から七百貫くらいのができるじゃろうな」と語る。こんなに大きなたたらで製鉄をしたのは今回が初めてで、約一・九〜二・六トンの鉧ができるだろうというわけだ。

虎徹は、櫻井家の当主三郎左衛門直重《なおしげ》にも会う。直重は、虎徹のライバル越前四郎右衛門康継《やすつぐ》が鍛えた刀を見せ、「世の中には、むかしの刀を古刀の名刀のと、ありがたがる侍が多いが、わしにいわせれば、いまの刀がずっと鉄《かね》がよい。大きなたたらで真砂砂鉄《まさこがね》を精《マ》錬《マ》した鋼は、天衣無縫の光をはなつけんな」という。虎徹は、備中青江《あおえ》の古刀こそ地鉄《じがね》に深みと味わいがあると応じ、両者の〝鋼〟談義は続く。備中青江は、岡山県倉敷市付近を拠点とし、鎌倉・南北朝期に栄えた刀工の一派だ。

鉄穴流しは、中国山地に広がる風化した花崗岩に含まれる砂鉄を採取する作業である。砂鉄は母岩中に一％前後しか含まれないので、砂鉄と砂をより分ける選鉱作業が必要となる。虎徹は、直重の案内で鉄穴場に行き、高さ四、五丈（一二〜一五メートル）もある崖を打鍬《うちぐわ》で掘り崩す鉄穴師《かんなじ》たちや、そこから続く水路の下流で底に溜まった砂鉄をすくう男たちを目にする。直重は「その砂鉄《こがね》をたたらで吹いて鋼にするのじゃ」と、この砂鉄が鋼の原料であることを明かした。

砂鉄のみち

司馬遼太郎の人気シリーズ『街道をゆく』には、司馬が金達寿《キムダルス》、李進熙《リジンヒ》らと出雲のたたらを訪ねた「砂鉄のみち」と題する紀行文がある。司馬らは、島根県安来市和鋼記念館（当時）、奥出雲町鳥上木炭銑《とりかみもくたんせん》工場、菅谷鈩などを巡り、出雲随一の鉄師であった田部《たなべ》家の当主で島根県知事をつとめた田部長右衛門のもとも訪れる。その道中記の端々には様々なエピソードが織り込まれているのだが、そこに司馬の〝たたら観〟が垣間見え面白い。

まず、「東アジアの製鉄は、ヨーロッパが古代から鉱石であったのに対し、主として砂鉄によった」とし、東アジアの製鉄原料は砂鉄が一般的であったとみる。その上で、「砂鉄を吹いて鉄にする技術は、おそらく古代、朝鮮半島からその技術者とともに出雲などにやってきたものだろう」と述べる。「森を慕う韓鍛冶《からかぬち》」という一節では、古代製鉄を始めたのは新羅からの渡来集団で、製鉄原料である砂鉄を採るため鉄穴流しをしたり、山林を伐採して木炭を焼いたりした。そのため、雨季には洪水が起こって田畑を流し、あるいは水路の水に土砂が混じり稲田が埋まった。神話の中に登場する八岐大蛇《やまたのおろち》は、鳥上山《とりかみ》にいたこのような砂鉄業者を象徴するものであり、脚摩乳《あしなずち》ら農民の苦境を救ったのがスサノオだというのが出雲の人々の解釈だとする。

一方、「スサノオが新羅から出雲に渡って直ちに斐伊《ひい》川の上流鳥上峯をめざして直行したと伝えるのは、この神を奉斎した新羅系の一団は、所謂、『韓鍛冶』の一団で、やはり砂鉄を求めて移動したものではなかったか」という古代史家水野祐の説を引用する。そして、スサノオに助けられたのは農民ではなく、古くからここで砂鉄をとっていた集団であり、八岐大蛇は砂鉄を掠奪したり交易を強要したりする海人部族だったという水野の意見を紹介している。

韓鍛冶の話は、前述の『いっしん虎徹』にもあり、直重をして「その者たちこそ、出雲の砂鉄《こがね》を見つけた手柄がある。韓の鍛冶がわたってこねば、だれも出雲の豊饒に気づかないままだったかもしれんけぇな」といわしめる。これは司馬の影響かもしれない。

たたらのイメージ

『砂鉄のみち』は、古代製鉄が新羅からの渡来集団によってもたらされたものとみる。その一団は一〇〇人以上で、「鉄穴流し」や森林伐採をして周辺の農民とも軋轢《あつれき》が生じるほどの規模で製鉄を行ったとする。

『もののけ姫』は、戦国時代の設定で、高い吹き抜け天井をもつ大きな建物に製鉄炉があり、周囲では「鉄穴流し」や炭焼が行われる。たたらは、山深い山中で、まとまった一つの集落を構成し、木柵で囲われた姿で描写される。

『いっしん虎徹』のたたらは、江戸時代前期の櫻井家が舞台である。大規模な鉄穴流しが行われており、高殿では三昼夜にわたる操業によって製鉄炉の中に鋼を含んだ鉧が作られる。刀匠長曽祢虎徹が求めたのは「鋼」であり、櫻井直重が虎徹に見せたのは「冴えて輝く鋼」で作られた越前四郎右衛門康継の刀であった。

これら三作品は、それぞれ異なった時代のたたらを題材としながらもイメージには共通性がある。それは、山容を変えてしまうほど大規模な鉄穴流しが登場する点である。また、『もののけ姫』の高い吹き抜け天井をもつ大きな建物は高殿、たたらが一つの集落として構成されるのは山内《さんない》集落を思わせる。鉄穴流し・高殿・山内は、いずれも江戸時代に成立したものだ。『砂鉄のみち』、『もののけ姫』は、江戸時代以前の「たたら」を描くのだが、結果的にはよく知られた江戸時代のたたらが重なって見える。

『いっしん虎徹』が描写するたたらの姿は、日本刀の材料となる鋼の製錬である。現在、唯一たたらの操業を行っている島根県奥出雲町の日刀保《にっとうほ》たたらは、美術刀剣を打つ刀匠に、その材料となる玉鋼を供給する目的で、公益財団法人日本美術刀剣保存協会が運営する。たたらが日本刀制作に使う鋼を生産するというイメージは、あたかも日刀保たたらに重なるようだ。

たたらの実像を求めて

たたら製鉄の大きな特色は、砂鉄を原料とするところにある。しかしながら、わが国最古の製鉄遺跡である岡山県総社市千引《せんびき》カナクロ谷遺跡で使われた原料は鉄鉱石であった。この遺跡では、六世紀後半～七世紀初め頃と考えられる計四基の製鉄炉が発見されており、最も先行する四号炉の周辺では小割された鉄鉱石が出土したほか、鉄塊の分析から鉄鉱石が製錬されたことが明らかである。また、韓国では一九九〇年代以降、多数の製鉄遺跡が発掘されているが、日本の古墳時代に相当する三国時代の製鉄炉では砂鉄製錬は明らかになっていない。日本列島の製鉄技術は、朝鮮半島の影響を受けて成立したとみられるが、彼地の砂鉄製錬法がそのまま伝播し広がったとはいえないのである。

たたらの描写で必ず登場するのは、大屋根をもち、中央に製鉄炉を置いた高殿だ。史料に「高殿」が見えるのは新しく、一八世紀以降のことである。その典型例は、唯一現存し、重要有形民俗文化財に指定されている菅谷鈩の高殿で、一辺一八・三メートル・高さ八メートルの規模

図１　菅谷鈩の高殿（撮影：繁田諭）

をもつ（図１）。高殿がいつ成立したのかは明確でないが、出雲仁多郡の鉄師絲原《いとはら》家文書には、万治二年（一六五九）の史料に高殿の柱を示す「押立」の表現があり、その存在がうかがわれる。一七世紀後半代の島根県奥出雲町隠地《おんじ》鈩一号炉の発掘調査では、押立柱に当たる四本の柱穴と、その外側に円形に巡る柱穴列が確認されており、基本構造は高殿と同様である。ただし、その規模は径一二《メートル》ほどで、一八世紀以降の高殿と比較すれば小規模だったようだ。

では、たたらで作られたのは、日本刀の制作に使われた鋼だったのであろうか。製鉄炉で生産される鉄には、炉の基部に設けられた孔から炉外に抽出される銑《ずく》（銑鉄）と、炉底にできる大きな鉄塊、鉧《けら》がある。鉧は、鋼のほか銑や歩鉧《ぶげら》が一緒に固まったもので、これを打ち割って、鋼造《かねつく》りと呼ばれる選別作業によって鋼・銑・歩鉧に分けられる。つまり、鋼は鉧の中にしかできないが、銑は鉧にも含まれるし、炉外に抽出もされたのだ。

　高橋一郎によれば、絲原家に残る勘定書に「鈒《はがね》」が登場するのは、明和七年（一七七〇）のことだという。この年の雨川《あめがわ》鈩（鉄穴《かんな》鈩：島根県奥出雲町）の生産内容は、一代《ひとよ》（操業一回分）で銑三・三トン・歩鉧〇・五トン・鋼〇・三トンである。その割合は、銑八一％・歩鉧一二％で、鋼は七％にすぎない。これに変化があったのが文政九年（一八二六）で、鉄穴鈩の生産内容は銑二・四トン、歩鉧〇・九六トン・鋼一・〇八トンとなる。銑五四％、歩鉧二二％で、鋼は二四％に増加する。これ以後、鉄穴鈩では銑五割・鉧三割・鋼二割程度で生産が推移している。

　出雲の仁多郡は、鋼生産に向く真砂《まさ》砂鉄が産出することで知られる。そこを拠点とする絲原家のたたらで鋼が安定的にできるようになったのは一九世紀以降だったのである。それでも鋼は生産量の二割あまりしかできておらず、残りの七～八割を占める銑と鉧は、大鍛冶場で鉄製品の地金《じがね》となる割鉄に加工された。明治五年（一八七二）の絲原家における鉄類販売量は、鋼二八・六トン（二〇％）・鉧一〇・二トン（七％）・割鉄一〇五・四トン（七三％）

である。販売額では、鋼一二七〇円（一四％）、銑二八一円（三％）、割鉄七二六七円（八三％）であった。出雲のたたら経営者は、その多くが割鉄の原材料となる銑・鉧の生産に重点をおき、販売量の七五％以上が割鉄であったことが指摘されている。たたら製鉄の主製品は、鋼であったとはいえないのである。

たたらのイメージは、映画や文学作品に描かれた姿から語られることが多い。しかしながら、歴史上のたたらは、そのイメージとはかなり異なるものであった。本書ではまず、たたらがその技術的な到達点である近世たたら製鉄まで歩んだ道のりをたどる。続いて、とかく画一的なイメージがあるたたらを「海のたたら、山のたたら」という視点から見直し、多様性を明らかにする。そして、わが国の近代化において、たたらがどのような役割を果たしたのか考えることで、たたら製鉄の実像に迫りたい。

たたら製鉄への道

鉄生産のはじまり

最古の製鉄遺跡

日本列島において、いつから鉄の生産が始まったのか？　この問いをめぐっては、弥生時代説と古墳時代説が論じられてきた。弥生時代説は、弥生時代には鉄器が広く普及すること、鉄器製作が行われている以上、製鉄から鍛冶に至る生産技術の体系の中で製鉄だけが遅れるのは不自然であることなどを根拠とする。広島県三原市小丸《こまる》遺跡の製鉄炉は、弥生土器が出土しており、弥生時代に遡る可能性が指摘されている。炉は、復原すれば径五〇センチほどの円筒形になるとみられ、鉄鉱石を原料とする。鉄滓《てつさい》の量からすれば一回の操業で鉄一キロほどができ、このような小形製鉄炉で生産された鉄を用いて弥生時代の鉄器が作られたとの推定もある。

小丸遺跡では、製鉄炉で採取された木炭の年代測定が行われており、土器と同じ三世紀代という結果が出た試料がある。その一方で、製鉄炉の炉床下層で出土した試料では八世紀という年代も得られている。つまり、弥生時代に遡る可能性がないとはいえないが、新しい年代を示す試料もあることからすれば、弥生時代の製鉄炉として積極的に評価するのは難しいだろう。

現在のところ、研究者の多くが鉄生産の開始時期として共通認識をもっているのは古墳時代後期、六世紀後半である。前述した千引《せんびき》カナクロ谷遺跡は、その中でも最古のものと目される。六世紀代後半ないし末とみられる製鉄遺跡は二〇ヵ所を超えており、福岡県・島根県・広島県・岡山県・兵庫県・京都府・滋賀県で確認されている。すでに鉄生産がかなり広がった状況がうかがえることから、製鉄の開始はもう少し遡るとも考えられよう。千引カナクロ谷遺跡よりも古い製鉄遺跡の新発見が期待されるところだ。

砂鉄製錬の始まり

小丸遺跡が弥生時代の製鉄炉かどうかはさておき、千引カナクロ谷遺跡など初期の製鉄炉は鉄鉱石を原料とするものであった。すなわち、日本列島における製鉄は、当初から砂鉄を原料としたわけではなかったのである。朝鮮半島の古代製鉄遺跡では鉄鉱石が原料として使われており、日本列島に最初に伝えられた製鉄技術は、鉄鉱石の製錬法であったと推定される。

鉄鉱石を製錬した製鉄遺跡は、吉備（岡山県・広島県東部）で多数確認されており、原料が判明した四三ヵ所のうち二七ヵ所と六割を超えている。どこで採取された鉄鉱石が原料に使われたのかは明らかでないが、岡山県内には磁鉄鉱を産出する鉱山があり、岡山市金山では磁鉄鉱が鉱層をなしていたとされるなど、製鉄遺跡の周辺で鉄鉱石の入手が可能だったようだ。『日本霊異記《りょういき》』には、鉄鉱石の採掘をうかがわせる一つの説話がある。称徳天皇の時代（七六四〜七七〇）、美作英多《あいだ》郡（岡山県美作市・西粟倉村）の官営鉄山で起きた落盤で閉じ込められた男が、仏の加護で助かったという話なのだが、男が鉄（鉱石）を掘っていた穴は、広さ二尺（約六〇㌢）四方、深さ五丈（約一五㍍）ほどであったという。男は、穴の上から葛を編んだ縄の先に付けた籠に乗って引き上げられたとされるから、深い竪穴であったらしい。

採掘された鉄鉱石は、製鉄遺跡の出土例からみると、拳大から人頭大くらいであった。この大きさでは、製鉄炉の中で製錬することができないので、熱して割りやすくした上で、台石の上にのせて打ち割り細かくした。製鉄炉に装入される鉄鉱石の大きさは、千引カナクロ谷遺跡出土の表面が熔解した鉄鉱石などからすれば、指頭大以下であったようだ。

一方、鉄鉱石の製錬が行われるようになって間もなく、砂鉄も原料として利用され始めたこともわかっている。千引カナクロ谷遺跡では、四基の製鉄炉が確認されたが、六世紀後半の四号炉と二号炉は鉄鉱石を原料としたのに対し、六世紀末～七世紀初頭の一号炉では鉄鉱石と砂鉄が使われていた。砂鉄の使用は、鉄鉱石より遅れるが、六世紀末には始まっていたのである。この段階の砂鉄製錬炉は、岡山県津山市大蔵池南《おおぞういけみなみ》遺跡、広島県三次市白ケ迫《しらがさこ》遺跡、同庄原市戸の丸山遺跡、島根県邑南町今佐屋山《いまさややま》遺跡などで確認されており、砂鉄の利用は急速に広がったようだ。

箱形製鉄炉の成立

西日本の初期製鉄炉は、木炭などを敷いた地下構造（炉床）の上に炉が自立する地上式の構造であった。炉は粘土で造られており、炉底にできる鉄を含んだ塊（炉底塊）を取り出すため操業のたびに壊されることから、そのままの形で製鉄遺跡に残ることはない。したがって、製鉄炉の大きさ・形状を復原するためには、炉壁や炉底塊の破片・地下構造の規模などから推定することとなる。

古墳時代の製鉄炉は、今佐屋山遺跡Ⅰ区出土の炉底塊が隅丸方形で長さ三八センチ・幅四五センチ、戸の丸山遺跡は径三六センチの円形である。また、愛媛大学を中心とした研究グループによれば、大蔵池南遺跡・岡山県佐伯町小坂八ケ奥《やつがおく》遺跡などの炉底塊から推定される製鉄炉

図２　古代製鉄実験炉（愛媛大学考古学研究室提供）

の内法は長さ三〇〜四〇センチ・幅三〇センチ程度で、円形または楕円形であったとする。これらの例からすれば、炉の内法が一辺（径）四〇センチ程度の小形炉であったとみてよいだろう。送風孔が残る炉壁はあまり知られていないが、岡山県赤磐市猿喰池《さるはみいけ》遺跡では送風孔が二つ残るものがある。送風孔は羽口《はぐち》状の土製品を使うものもあるが、その間隔は心々で一五センチまたは二七センチ間隔である。今佐屋山遺跡Ｉ区のような内法で長さ四〇センチ足らずの炉であれば、送風孔は片側に二個、両側面で四個あったことが想定される（図3左）。村上恭通は、古墳時代の製鉄炉は平面形が略円形・楕円形・略方形・略長方形をしており、外観は高さ一メートル強で炉頂がすぼまる円筒形状、両側壁には複数の送風孔が設けられたと推定している（図2）。

奈良時代の製鉄炉は、長さを延ばして炉の容積を増すことで、一基あたりの鉄生産量の

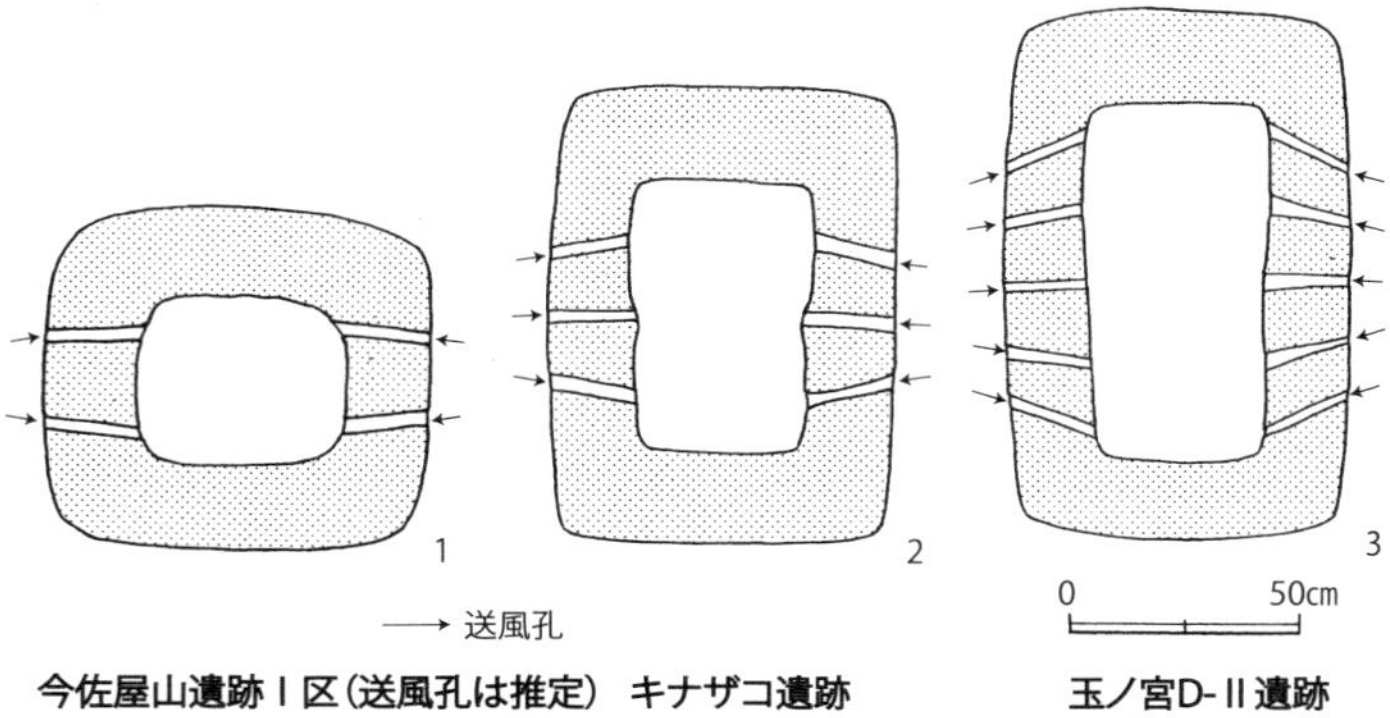

図3　初期箱形炉の平面形

増大を図った。結果として平面形が長方形をした製鉄炉、すなわち箱形炉が登場することとなったのである。岡山県津山市キナザコ遺跡では、炉壁片の検討から内法で長さ六〇センチ・幅四〇センチ・高さ六五センチの製鉄炉が想定されている。鞴《ふいご》から炉内に風を送る送風孔は三つが残っており、炉の中央は直交するように、その両側は一二センチ間隔で斜めに配置される（図3中）。島根県松江市玉湯町玉ノ宮D—Ⅱ遺跡は、炉壁の基部がそのまま確認された稀有な例で、製鉄炉の平面形が長方形を呈することがわかる。規模は内法で長さ八〇センチ・幅四〇センチで、送風孔が一四センチ間隔で五つ並ぶ（図3右）。

この時期には、キナザコ遺跡のような小形の箱形炉に加えて、長さが二メートルを超える大形の箱形炉も出現する。滋賀県大津市源内峠《げんないとうげ》遺跡では、製鉄炉の底に生じた炉底塊の形状から一号炉は長さ二・五メートル・幅〇・四メートル、四号炉は長さ二・五メートル・幅〇・三メートルの大きさがあり、平面形はともに細長い隅丸長方形をしていた。こうした大形の箱形炉は、近江で国家標準型の製鉄炉として整えられたとみられ、関東・東北などに波及した。

しかし、この段階の大形箱形炉は長続きしなかった。村上恭通は長大化した製鉄炉の炉内環境をコントロールすることは困難であり、まだ十分に機能していたとはみていない。そして技術的な信頼性から、中国地方では小形箱形炉による操業が続けられたとする。

古代の鉄生産

古代の製鉄地域

六世紀後半から一〇世紀代の製鉄遺跡は、北は青森県、南は熊本県で確認されている。現在、確認できるのは三八八遺跡、製鉄炉は一つの製鉄遺跡に複数営まれる場合も多いので、一一二九基に及ぶ。遺跡数が最も多いのは、旧国別で見ると陸奥の九七遺跡三七八基で、このうち福島県が六一遺跡二二九基を占める。これに次ぐのが吉備（備前・備中・備後・美作）で五七遺跡一九一基である（図4）。福島県、特に南相馬市付近に製鉄遺跡が集中するのは、律令国家の対蝦夷政策に対応したもので、鉄製品を量産するために製鉄技術が移入され展開した。

製鉄遺跡が多数分布する地域は、九州北部・中国・近畿・北陸・関東・東北である。中

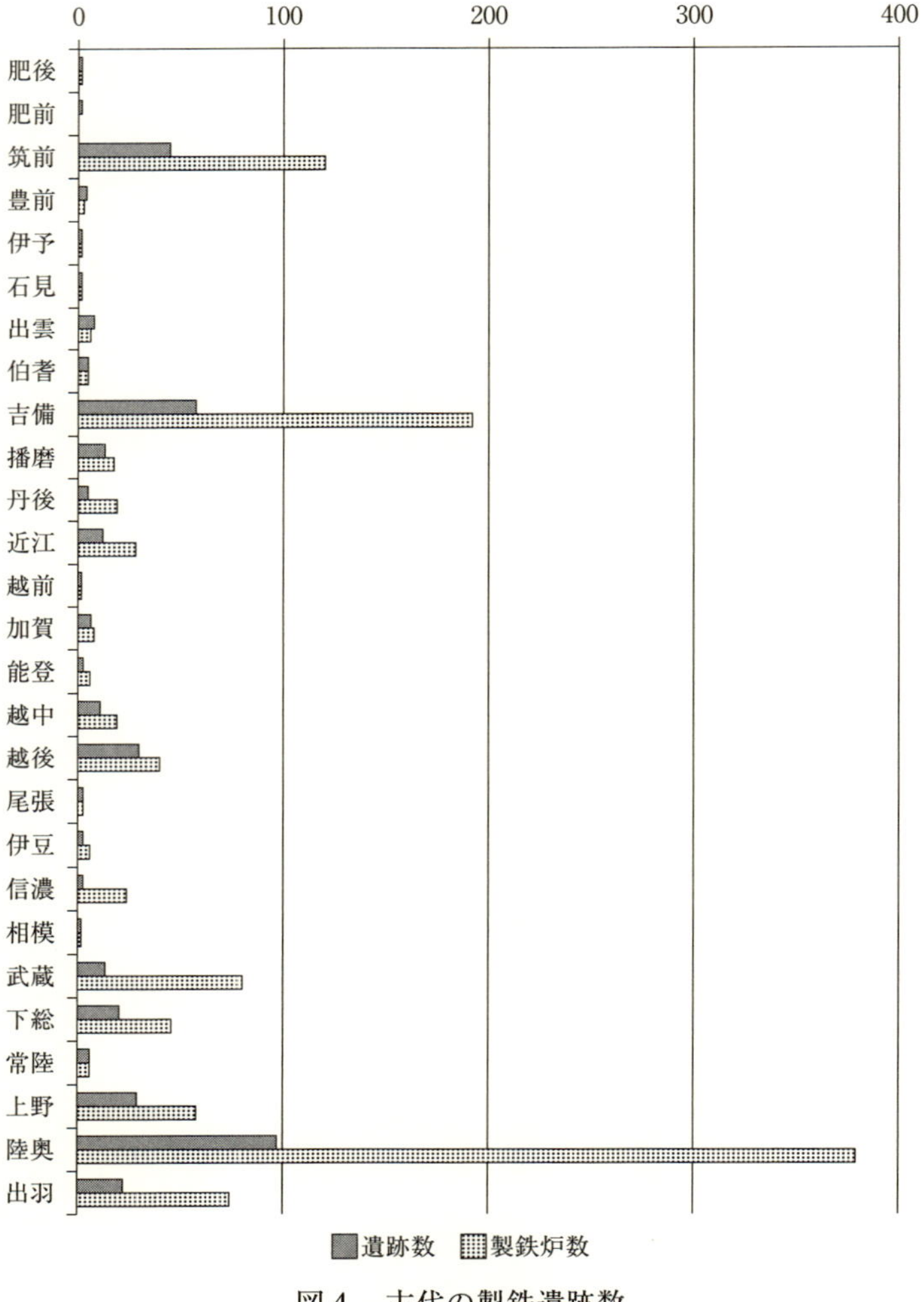
0
100
200
300
400
肥後
肥前
筑前
豊前
伊予
石見
出雲
伯耆
吉備
播磨
丹後
近江
越前
加賀
能登
越中
越後
尾張
伊豆
信濃
相模
武蔵
下総
常陸
上野
陸奥
出羽
遺跡数
製鉄炉数

図4　古代の製鉄遺跡数

国・九州北部・近畿では、六世紀後半には鉄生産が行われている。北陸・関東・東北は、製鉄がやや遅れて開始され、陸奥（福島県）と上野は七世紀後半から、その他は七世紀末から八世紀以降である。

製鉄炉の形態は、箱形炉と竪形炉に大別される。竪形炉は、斜面を掘り込んで炉底を地下に置く半地下式構造をもち、筒状をした炉の背後から口径の大きい羽口《はぐち》（送風管）一本で送風するものである。中国と近畿は箱形炉のみ、九州も箱形炉が主体であるが、九世紀頃に竪形炉が出現する。北陸・関東・東北南部（福島県・宮城県）は、箱形炉に加えて竪形炉も多数営まれる。いずれの地域でも箱形炉が先行しており、竪形炉は関東・東北南部が八世紀初め、北陸では八世紀半ばからである。東北北部（岩手県・秋田県・青森県）は、岩手県が八世紀後半、秋田県・青森県は九世紀後半には竪形炉が分布するようになるが、箱形炉は確認されていない。

古代吉備の鉄生産

古代製鉄は、汎列島的に展開した。その中でも吉備は、律令国家への鉄の貢納を中心的に担った地域であった。「まがねふく 吉備の中山 帯にせる 細谷川の 音のさやけさ」という『古今和歌集』にある和歌は、九世紀前半に詠まれたものだ。吉備の枕詞として使われる「まがねふく」は、古代の人々が吉備を「鉄

内　　容
鹿庭山　鉄
官鉄山
鈹十口
近江国鉄穴
大内川・小内川・金内川　鉄
仁多郡・飯石小川・波多小川　鉄
讃用郡駅里鉄十連
若松浜　鉄
英多里鈹
鈹十口
土野里鈹十口
宮田里鍬一□
庸米を鉄に
沼隈郡調鉄十延
沼隈郡調鍬十口
周迊郷調鍬十口
大井鍬十口
調鍬壱十口
信敷郷調鍬十口
調鍬□
調鍬十口
調鍬十口
浅井高嶋二郡鉄穴
調鉄一連
調鉄一連
調鉄一連
鍬鉄貢進停止
調鍬鉄
調鍬鉄
調鍬鉄，庸鍬
調鍬鉄
調鍬鉄，庸鉄
調鍬鉄，庸鍬鉄
調鍬鉄，庸鉄

の国」として認識していたことをよく示している。

吉備は備前・備中・備後・美作に分割されるが、備中からの鍬《くわ》の貢納は伝飛鳥板蓋宮跡出土木簡から、七世紀中頃まで遡ることがわかる。八世紀の平城宮跡では、美作英多《あいだ》郡、備後沼隈郡（広島県福山市・尾道市）・三上郡（広島県庄原市）などから調として多数の鍬や鉄が送られたことが、木簡から確認できる（表1）。調は貢納時に納税者の氏名まで木簡に記すのが通例であるが、鉄は郡・里（郷）までの記載しかなく、郡または里・郷単位で納税されていたのも特徴だ。吉備以外からの鉄の貢納は、出土木簡からみると、播磨讃《さ》容《よう》郡から大官大寺に納められたものが知られる程度であり、律令国家の鉄需要は吉備によ

表1　史料・木簡に見える鉄

時期	地域	年代	出典
8世紀以前	播磨讃容郡	645〜654以前	播磨国風土記
	美作英多郡	645〜654頃	日本霊異記
	備中窪屋郡か	649〜664頃	伝飛鳥板蓋宮跡木簡
	近江	703以前	続日本紀
8世紀前半	播磨宍粟郡	713〜715以前	播磨国風土記
	出雲飯石郡・仁多郡	733以前	出雲国風土記
	播磨讃容郡	8C 初め	大官大寺跡木簡
	常陸香島郡	704	常陸国風土記
	美作英多郡	713〜715頃	平城宮東院地区木簡
	備後		
	美作英多郡か		
	美作英多郡か		
	美作大庭郡・真嶋郡	728	続日本紀
	備後沼隈郡	734	平城京左京二条大路木簡
	備後沼隈郡	735〜739	平城京左京二条大路木簡
	備前赤坂郡	745・746	平城宮第2次内裏跡木簡
	備中賀夜郡か		
	備後三上郡		
	備後三上郡		
	備後三上郡		
	備後三上郡か		
	備後三上郡か		
8世紀後半	近江浅井郡・高島郡	762	続日本紀
	備中賀夜郡	746〜769	平城宮宮域東南隅木簡
	備前上道郡	759以後	平城宮東張り出し木簡
	美作勝田郡	776〜779頃	平城宮南北溝木簡
	備前	796	類聚三代格
9世紀	備後八郡	805	類聚三代格
	備後八郡	865	日本三代実録
10世紀	伯耆	927	延喜式
	美作		
	備中		
	備後		
	筑前		

ってまかなわれていたようだ。備前は、『類聚三代格』によれば延暦一五年（七九六）に鉄の貢進をやめたが、備中・備後・美作は一〇世紀前半まで調鍬鉄・庸鍬鉄の貢進を続けた。

古代の製鉄遺跡は、中国地方と播磨では八二遺跡、製鉄炉は二一九基を数える。このうち、吉備には五七遺跡一九一基があり、遺跡数で七割、製鉄炉数では九割近くが集中している。播磨は、吉備に隣接する兵庫県佐用町に古代製鉄遺跡が分布する。『播磨国風土記』讃容郡の条には別部犬《わけべのいぬ》の孫らが孝徳天皇の時代、すなわち七世紀中頃から鉄の貢納を始めたとある。この伝承のように佐用郡の製鉄が吉備東部の有力氏族である別（和気）一族によるものであり、吉備の生産地域が及んでいたとすれば、その集中度はさらに高まることとなる。

吉備の製鉄遺跡は、製鉄を目的として集落以外に設けられた製鉄場、集落内に営まれた製鉄炉、官衙に設けられた製鉄炉に大別される。集落以外に設けられた製鉄場の場合、二〇基を超える製鉄炉が確認された例もあり、複数基が同時に操業した可能性もある。天平宝字元年（七五七）制定の『養老雑令』により、奈良時代には鉄は官採地以外では私採も認められていた。上栫武は、これに関連して、集落以外に設けられた製鉄場のうち複数基の同時操業が考えられる遺跡や、官衙に設けられた製鉄遺跡では律令国家への鉄供給を目的とした「官採」の鉄生産、それ以外では吉備地域の有力者への鉄供給または集落内での消費に回される「私採」の鉄生産が行われていたとみる。

　備前や備中平野部で鉄生産が行われたのは八世紀代までが中心であった。総社市奥坂製鉄遺跡群で出土した鉄鉱石の分析結果によれば、六世紀後半から七世紀前半までは高品位磁鉄鉱の供給を受けるが、八世紀初めには鉱石の鉄分が低減し貧鉱気味のものが供給されるようになった。製鉄の中心地域であった吉備の平野部では、八世紀代で鉄生産が衰退するが、高品位鉱脈の鉄鉱石を掘り尽くし原料が枯渇したことが背景にあったようだ。九世紀以降も製鉄遺跡が引き続き営まれるのは美作で、備中の山間部や備後でも鉄生産は続いたとみられるが、製鉄原料は砂鉄に代わっていった。

古代出雲の鉄生産

　天平五年（七三三）に編纂された『出雲国風土記』には、鉄の生産に関連して「仁多郡（三處郷《みところのさと》・布施郷・三澤郷・横田郷）以上の諸《もろもろ》の郷より出す所の鉄《まがね》、堅くして、尤《もつと》も雑具《くさぐさのもの》を造るに堪《た》ふ」、「飯石《いいし》郡　波多小川《はたのおがわ》　鉄《まがね》あり　飯石小川《いいしのおがわ》　鉄あり」とある。これらの記事は、『出雲国風土記』が編まれた八世紀前半には、仁多郡の各郷で鉄製品の製作に適する鉄が生産され、飯石郡の飯石小川

（島根県雲南市三刀屋《みとや》町の多久和川）と波多小川（同掛合《かけや》町の波多川）においては、製鉄の原料となる砂鉄の採取が行われていたことを示している。

古代の鉄生産に関しては、『播磨国風土記』讃容郡の鹿庭山に関する記事に「山の四面に一二の谷あり。皆、鉄を生す」、同書宍禾《しそう》郡の大内川・小内川・金内川の条に「鉄を出すは金内と稱《い》ふ」とある。また、『常陸国風土記』香島郡の条には「慶雲元年（七〇四）、国の司《つかさ》婇女《うねめ》の朝臣、鍛《かぬち》佐備《さび》の大麿《おおまろ》等《ら》を率《ゐ》て、若松の浜の鉄《まがね》を採りて剣を造りき。（中略）安是《あぜ》の湖《みなと》にあらゆる沙鉄《すなごのあらがね》は、剣を造るに大《はなは》だ利《と》し」とある。古代には、日本の各地域で川砂鉄、または海岸で採取できる浜砂鉄を製鉄に利用していたことがわかる。その中で『出雲国風土記』仁多郡の記事は、各郷で鉄生産が行われ、それが鉄製品の製作に適していたことを具体的に記している点で注目される。

出雲における製鉄遺跡の初見は、六世紀末の雲南市掛合町羽森《はねもり》第三遺跡で、円筒形をした小形炉で砂鉄製錬が行われていたことが知られる。また、安来《やすぎ》市東北部地域は、製鉄炉は確認されていないが、六世紀後葉～七世紀の精錬鍛冶遺跡が分布する。周辺の製鉄炉から持ち込まれた炉壁や炉底塊が出土しており、鉄の生産が想定できる。

『出雲国風土記』に記された奈良時代における製鉄遺跡の状況は、必ずしも明確にはなっていない。雲南市三刀屋町瀧坂遺跡・仁多郡奥出雲町槇《まき》ヶ《が》垰《たわ》遺跡では、付近で採取できる砂鉄を原料として、箱形炉による鉄生産が行われたようだ。鉄は、雲南市木次《きすき》町寺田I遺跡・同三刀屋町鉄穴内《かんなうち》遺跡・奥出雲町芝原遺跡など周辺の鍛冶遺跡に送られ、精錬鍛冶作業で鉄塊に含まれる不純物の除滓や炭素量の調整を行って鉄素材のほか、農具など鉄製品の製作に用いられた。このうち、鉄穴内遺跡の鍛冶工房は、桁行六間（一〇・七《メートル》）・梁

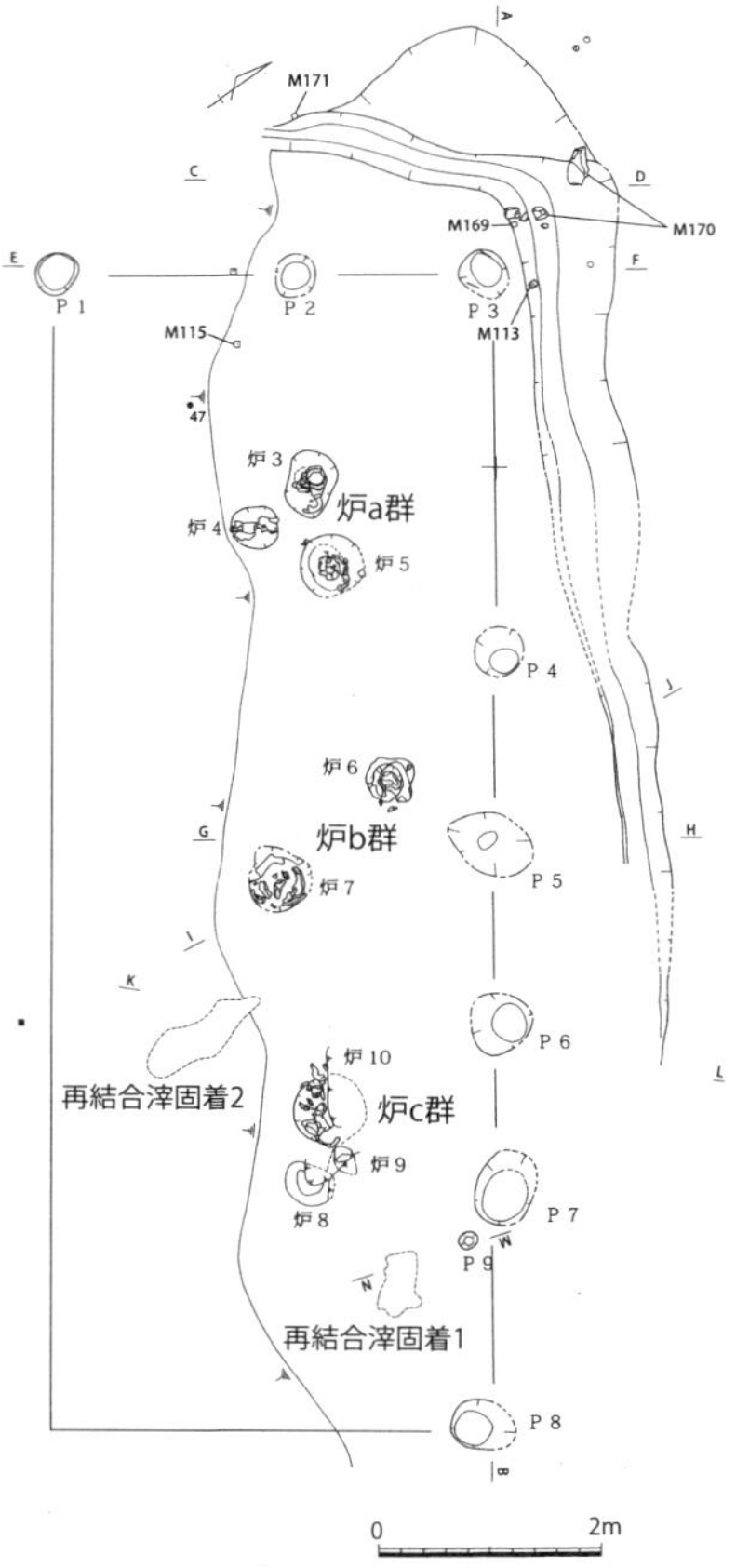

図５　鉄穴内遺跡の鍛冶工房

行二間（三・九メートル）の細長い掘立柱建物で、鍛冶炉八基がa〜c群の三ヵ所にまとまって営まれていた（図5）。工房内で三基が同時に操業できる大規模なものであり、その様相は国衙や郡衙に付属する官営鍛冶工房における操業に類似する。

また、これらの鍛冶遺跡では、墨書土器・束帯装束の皮帯に付けられた巡方が出土していることや、官営工房に見られる銅製品の鋳造も行われていることなどから、鉄・鉄器の生産に郡など行政組織が関わっていたようだ。『出雲国風土記』の鉄関連記事の背景には、こうした公的機関による鉄・鉄器生産への関与があったとみてよかろう。しかし、吉備が律令国家への鉄貢進において中心的な役割を果たしたのとは異なり、出雲は鉄の貢納国にはなっていない。同じように鉄・鉄器生産を行いながらも律令国家との関係に違いがみられるのは、吉備が鉄を貢納するに至った経緯など歴史的な背景を考慮する必要があろう。

中世の鉄生産

中世の製鉄地域

一一世紀から一六世紀の製鉄遺跡は、青森県から鹿児島県まで二〇二遺跡、製鉄炉三四六基が確認されている。旧国別で見ると、陸奥四〇遺跡一〇六基、出雲三九遺跡四〇基が多く、安芸一三遺跡一二基、石見一二遺跡一二基、出羽一一遺跡一五基が続く（図6）。一一世紀〜一六世紀まで継続して製鉄遺跡が営まれるのは中国と東北のみである。九州は一四世紀、北陸は一三世紀、関東は一一世紀頃までには、製鉄遺跡は姿を消すようであり、一五世紀以降は中国と東北が製鉄地域となった。

中国地方では、古代製鉄の中心は吉備であったが、中世になると吉備に代わって出雲・石見・安芸で多数の製鉄遺跡が確認されるようになる。この時期の製鉄遺跡数は七八遺跡

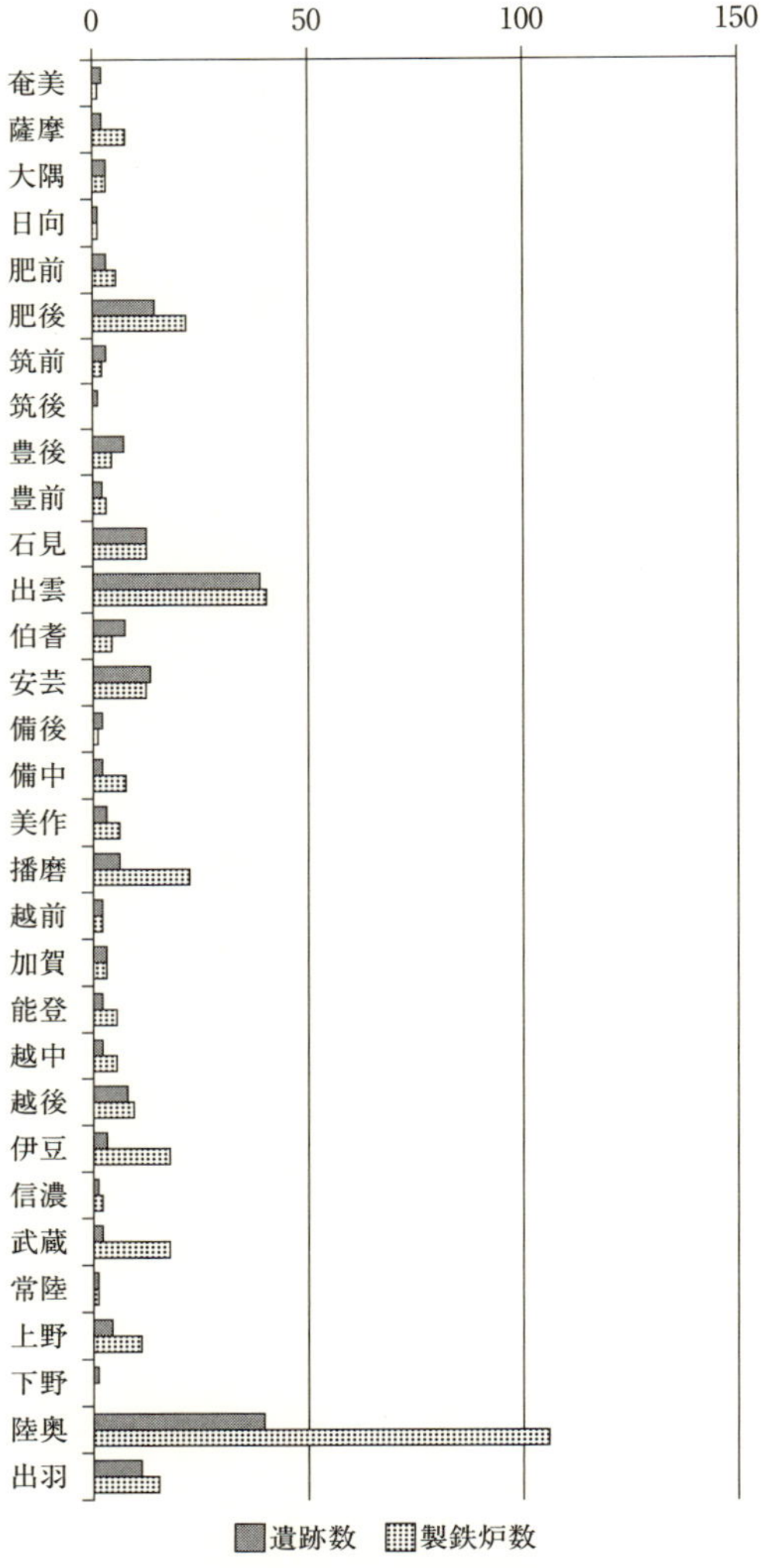

図6　古代末・中世の製鉄遺跡数

あるが、出雲はこのうちの五割、出雲・石見・安芸を合わせると八割を占める。中国地方の花崗岩類は、山陰帯花崗岩類・山陽帯花崗岩類・領家帯花崗岩類に大別される。山陰帯花崗岩類は磁鉄鉱に富む磁鉄鉱系列の花崗岩類であるのに対し、後二者は磁鉄鉱を含まないチタン鉄鉱系列である。山陰から安芸北部は山陰帯花崗岩類の分布地域であり、中世の鉄生産地域はこれにほぼ対応するようだ。鉄の生産地域が吉備から山陰・安芸北部へと変化する背景には、原料として使いやすい砂鉄を安定的かつ効率的に確保しようとしたことが考えられる。

中世の鉄生産地域は、山陰から山陽北部に広がっており、これは近世のたたら製鉄地域とほぼ重なる（図7）。たたら製鉄へと繋がる製鉄技術の改良や発展は、ここで進められることとなるのである。

鉄年貢を納めた荘園

中世には、年貢米を鉄に換算して寺社に納めた荘園があった。鉄年貢を納めた荘園は、一二世紀末～一五世紀初めの中国地方に限られており、製鉄地域の形成が進んだことを反映したものとも考えられる（表2）。

鉄年貢は、多くが「延」を単位として納められており、延べ板状に整えられた鉄であったとみられる。このうち、応永一四年（一四〇七）に伯耆矢送庄《やおくり》（鳥取県倉吉市関金町）が長講堂と葉室入道大納言家、同久永御厨《くえのみくりや》（同北栄町）が長講堂に納めた鉄年貢は一万廷に達している。一廷あたり三斤七両で計算すると二二トンとなり、かなりの量に上ったようだ。

鉄年貢を納めた荘園は、すべてが鉄の生産地であったわけではないが、その多くで鉄生

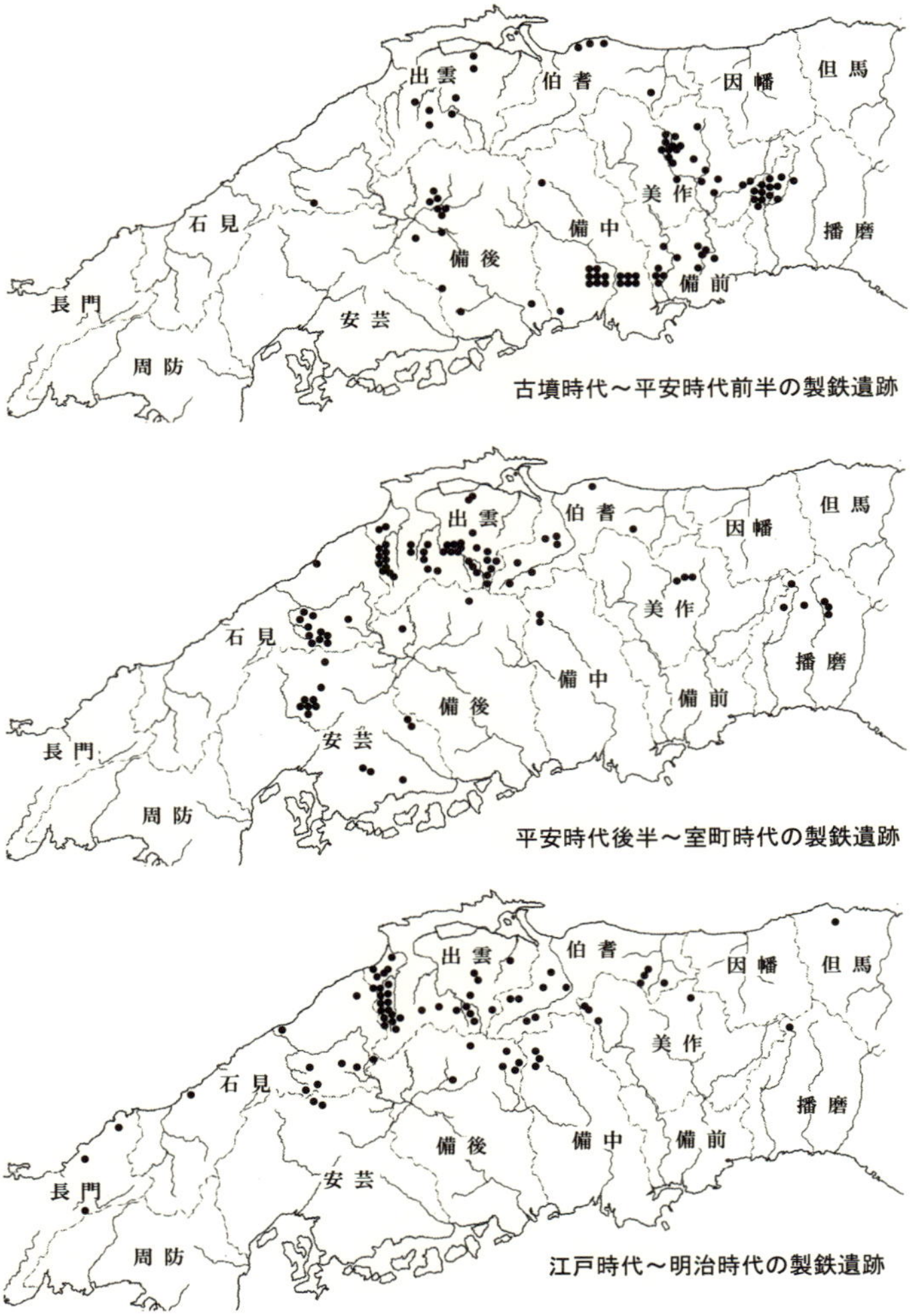

図7　製鉄遺跡分布の変遷

表2　鉄年貢を出した荘園

地域	荘　園	比　定　地	年　代	荘 園 領 主	年　貢　鉄
伯耆	久永御厨	鳥取県北栄町	建久3(1192)	伊勢神宮	1,000廷 別進1,000廷
	三野御厨	鳥取県米子市			
	三野御厨	鳥取県米子市	延文5(1360)頃	伊勢神宮	口入10廷
	久永御厨	鳥取県北栄町			1,000廷
	久永御厨	鳥取県北栄町	応永14(1407)	長講堂	10,000廷
	矢送庄	鳥取県倉吉市関金町		長講堂 葉室入道大納言家	10,000廷
出雲	鰐淵寺	島根県出雲市	建暦3(1213)	無動寺	5,000廷
	横田庄	島根県奥出雲町	寛喜元(1229)	石清水八幡宮	
	富田庄	島根県安来市広瀬町	嘉元3(1305)	平等院	2,500廷
	佐陀庄	島根県松江市鹿島町		安楽寿院	1,000廷
隠岐	重栖庄	島根県隠岐の島町	嘉元3(1305)	法成寺	600廷
備中	神代野部御厨	岡山県新見市神郷町～哲西町	建久2(1191)	伊勢神宮 花山院前右大臣家	上分2,000廷 口入料1,000廷
	新見庄吉野村	岡山県新見市菅生	文永8(1271)	東寺	分鉄741両2分
安芸	三角野村	広島県北広島町	寛元4(1246)	厳島社	分鉄134斤3.3目

産が行われていた。伯耆矢送庄をはじめ、石清水八幡宮領出雲横田庄（島根県奥出雲町）、東寺領備中新見庄吉野村（岡山県新見市）、伊勢神宮領・花山院前右大臣家領備中神代野部御厨（同）、厳島社領安芸三角野村（広島県北広島町）には、中世の製鉄遺跡が多数分布することが判明している。これらの荘園では、域内において生産された鉄を年貢として納めたことが十分想定できる。

中国地方に鉄年貢を納めた荘園が見られることについて福田豊彦は、荘園公領制的鉄生産と評価する。そして、これらの地域で進んだ大形製鉄炉による本格的な「たたら製鉄」は、権門の鉄需要を支えるために誕生したと考える。また、網野善彦は、鉄年貢が村を単位とし田地に賦課されることから、この時期の鉄生産は特別な職能をもつ職人によるものではなく、「平民的生産」であったとみている。

中世の製鉄炉

前述したように製鉄炉は、遺構として残ることはない。したがって、製鉄炉の復原は、製鉄関連遺物の中から炉壁・炉底塊を選別して、その特徴から行う必要がある。

中世製鉄炉の炉底塊は、島根県邑南町今《いま》佐《さ》屋《や》山《やま》遺跡Ⅱ区で幅二六センチ、同中ノ原遺跡とタタラ山第1遺跡では二〇～二五センチと幅が狭いことが確認されている。このうち、今佐屋山遺跡Ⅱ区は、炉壁に残る送風孔が最大四八度で放射状に配置され、平均一一㌢間隔であることなどから、内法で長さ一七五㌢・幅二六㌢で片側に一一個の送風孔をもつ細長い製鉄炉であったことを想定した。時期は一二世紀前半とみられる。

　島根県雲南市大志戸Ⅱ遺跡では、膨大な製鉄関連遺物の整理が組織的に取り組まれ、二号炉と三号炉の復原案が提示されている。平面形だけでなく断面形の検討も行われており、中世製鉄炉の全体像がうかがえる数少ない事例といえる。このうち、二号炉は内法で長さ二五〇〜二六〇㌢・基底幅四〇〜五〇㌢・高さ八〇㌢、送風孔は片側二〇個と復原された（図8左）。長さは、送風孔が製鉄炉の中央から〇〜三二度で扇形に一一・六㌢間隔で配置されること、最も外側の送風孔から製鉄炉隅部までの長さが一五〜二〇㌢であることを根拠とする。幅は、炉底塊が幅四〇㌢程度であることからの想定である。高さは、被熱状態から炉壁を上段・中段・下段に分類して復原され、下段は送風孔の下が大きく熔損していた。時期は一三世紀後半とみられる。

　三号炉は、内法で長さ二〇〇㌢・幅五〇㌢・高さ九〇〜一〇〇㌢、送風孔は片側一四〜一五個に復原できる（図8右）。長さは、炉壁と遺構に残る排滓用の窪みを根拠とする。幅は、短辺の炉壁幅が四〇㌢以上あることから、送風孔レベルでは幅五〇㌢ほどで、基底

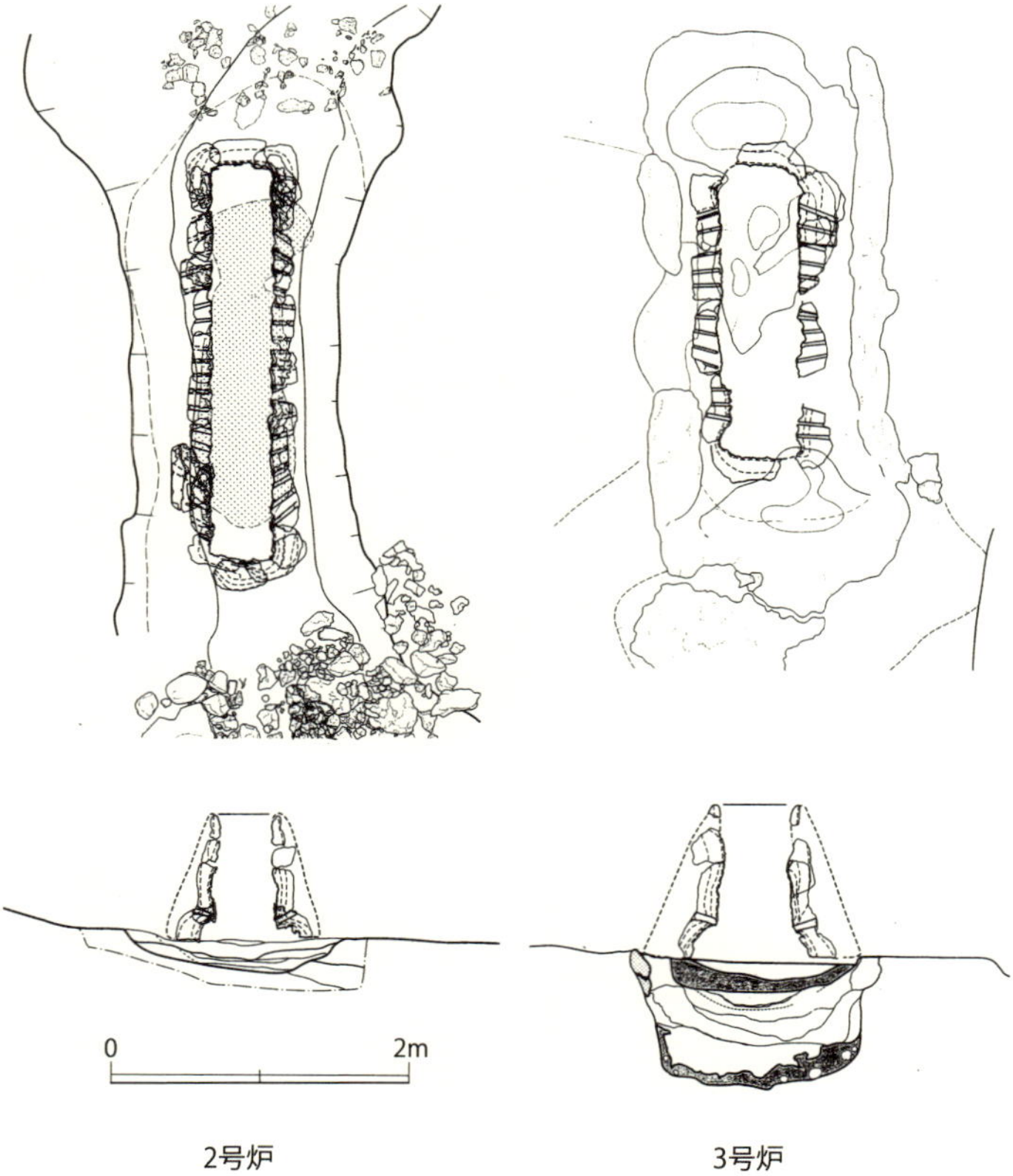

図８　大志戸Ⅱ遺跡の製鉄炉

部は熔損のため幅七〇㌢まで広がったようだ。時期は一五世紀末〜一七世紀前半とみられる。

中世製鉄炉の特色

中世製鉄炉は、長さに比べて幅が狭く、細長いところに大きな特色がある。邑南町に所在する今佐屋山遺跡Ⅱ区・中ノ原遺跡・タタラ山第1遺跡はいずれも内法は幅三〇㌢に満たない。雲南市の大志戸Ⅱ遺跡二号炉と三号炉は、炉内に生じた炉底塊により基底部が大きく熔損し広がっているが、本来の炉幅は内法四〇〜五〇㌢程度とみられる。前者に対し後者は炉幅が広い傾向はうかがわれるが、炉長に対して幅が狭い細長い製鉄炉であることには変わりがない。

古代のキナザコ遺跡の製鉄炉が長さ六〇㌢・幅四〇㌢であるのと比較すると、中世の製鉄炉は長さが大きく延びるものの幅はさほど広がっていない。一回の操業あたりの生産量を増やすには、炉の容積を大きくする必要があるが、鞴《ふいご》の送風力がないままに炉の幅を広げると、炉内に風が行きわたらず温度が上がらないためだ。中世の鞴には、炉の幅を広くできるほどの十分な送風力はなかったようだ。炉内を高温に保ち、かつその容積を増やすためには、製鉄炉の幅は変えることができず、長さを延ばさざるをえなかったのである。

製鉄炉の容積は、キナザコ遺跡が〇・一六立方㍍であったのに対し、大志戸Ⅱ遺跡二号

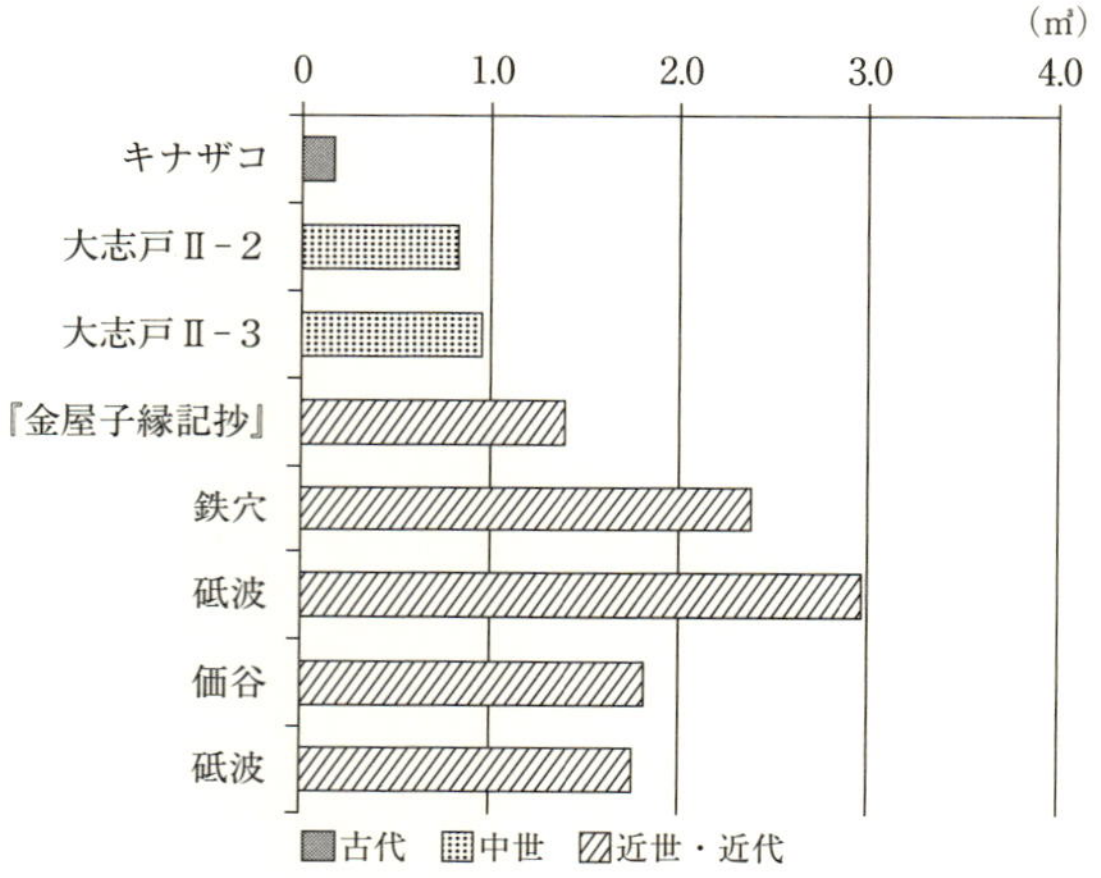

図9　製鉄炉の規模

炉は〇・八二立方《メートル》、三号炉は〇・九五立方《メートル》と五〜六倍となる。一方、天秤鞴と呼ばれる足踏み式鞴による送風が行われた近世・近代の製鉄炉は、一・四〜二・九七立方《メートル》ある。容積にかなりの差があるが、一九世紀前半の『金屋子《かなやご》縁記《えんぎ》抄《しょう》』に記載がある製鉄炉は一・四立方《メートル》であり、中世製鉄炉はこれと比較すればその六〇〜七〇%まで達していたようだ(図9)。

製鉄炉地下構造

大形製鉄炉で安定した鉄生産を行うには、製鉄炉の地下から湿気が上がることを防ぎ、炉内の温度を高く保つ必要がある。そのために造られたのが、製鉄炉の地下構造である。近世たたら製鉄では、製鉄炉地下構造は床釣《とこつ》りと呼ばれ、製鉄炉直下の本床《ほんどこ》とその両側に設けられる小舟《こぶね》よりなる。本床は、溝状で内部に木炭を敷き詰めた施設、小舟は天井をもつトン

図10　中ノ原遺跡の製鉄炉地下構造（島根県埋蔵文化財調査センター提供）

ネル状の施設である。中世製鉄炉の地下構造には、その原形となる本床状遺構と小舟状遺構がみられる。

製鉄炉直下の本床状遺構は、製鉄炉には不可欠な施設であり、古代から設けられる。中世製鉄炉では、長さ四〜五メートル前後と炉よりもかなり大きく造られるのが特色だ。中ノ原遺跡は、地山を溝状に掘り込んで本床状遺構とする。長さ四五〇センチ・幅九八センチ・深さ三七センチで、内部には粉炭が敷き詰められ、防湿・保温の役割をするカーボンベットになっていた（図10）。

一方、一一世紀頃には本床状遺構の両側面に小舟状遺構を伴う製鉄炉地下構造が出現する。広島県北広島町大矢遺跡は、いずれも地《じ》山《やま》を溝状に掘り込んで本床状遺構・小舟状遺構としたものである。一四世紀代には、地山に長方形状の掘形を設け、その内部に粘土壁を二列立てて、本床状遺構・小舟状遺構とする地下構造が構築される。広島県北広島町今吉田若林遺跡は、長さ八《メートル》・幅三《メートル》・深さ一《メートル》の掘形の内部を二列の粘土壁で分け、中央を本床状遺構、その両側面と掘形の間を小舟状遺構とする。本床状遺構は、長さ四六〇《センチ》・幅一〇〇《センチ》・深さ一〇〇《センチ》で、上から三〇《センチ》のところに粘土を貼って内部をカーボンベッドとした（図11）。

製鉄炉地下構造の発展

中世製鉄炉の地下構造は、本床状遺構のみもつものと、本床状遺構の両側面に小舟状遺構を備えたものの二つに大別される。近世たたら製鉄の地下構造（床釣り）の原形となったのは、本床状遺構と小舟状遺構をもつものであり、掘形の中にこれらを構築するものから発展した。

中世製鉄炉の地下構造は各地域で多様な展開を見せるが、このような地下構造が生まれたのは広島県北広島町（旧豊平町）から島根県邑南町にかけての地域であった。前述の今吉田若林遺跡では、小舟状遺構の上に蓋石が架けられ、本床状遺構・小舟状遺構の端部と掘形の間には空間があって「跡坪《あとつぼ》相当部」とされる。小舟状遺構の端部の一方は炉壁と粘土で閉塞されていたことから、近世たたらの小舟の焚き口に相当すると考えられている。

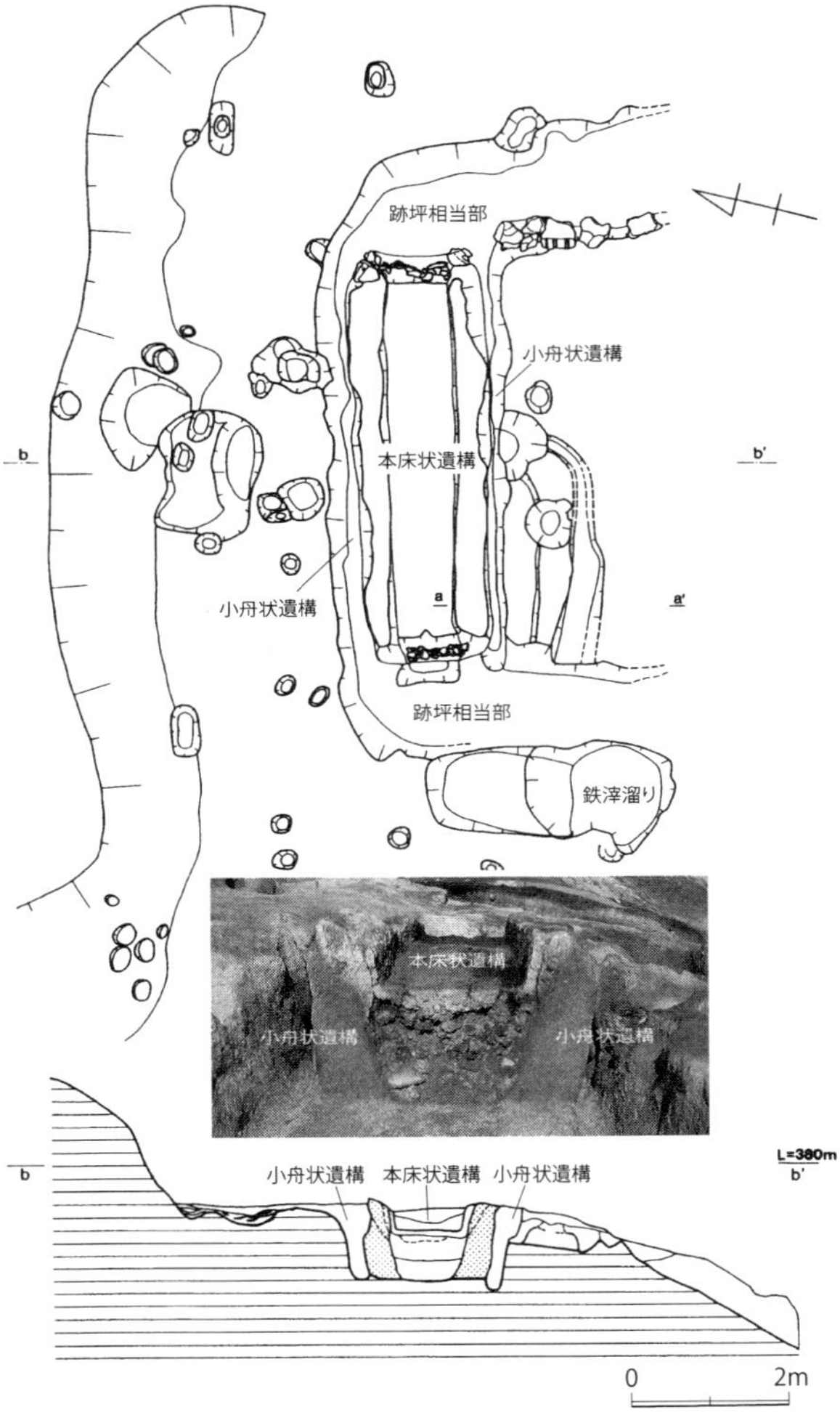

図11　今吉田若林遺跡の製鉄炉地下構造（広島大学考古学研究室提供）

図12　立岩３号遺跡の製鉄炉地下構造（邑南町教育委員会提供）

一六世紀後半から一七世紀初めの邑南町立岩《たていわ》三号遺跡でも、小舟状遺構に粘土と石材による天井がある。これは内部に薪を充填しクマザサを敷いて粘土を架けた後、端部の一方を焚き口に、他方を煙出しにして焼き抜いたものである（図12）。近世たたら製鉄では、本床・小舟は両端部に跡坪と呼ばれる作業空間をもち、跡坪では床釣りを乾燥させるために本床と小舟を焼き抜く作業をした。中世後期〜末の今吉田若林遺跡、立岩三号遺跡の小舟状遺構の構築法は、まさに近世の床釣りに通じるものといえる。また、邑南町タタラ山第一遺跡・同畑《はた》ヶ《が》迫口《さこぐち》遺跡は、掘形の底面に炉壁片を敷き並べた防湿施設をもち、後者には溝を炉壁片で覆う伏《ふせ》樋《ひ》状遺構まである。これらは、近世たたら床釣りの下半部に設けられた下床釣《したとこつ》りへと繋がる要素である。

掘形内に本床状遺構と小舟状遺構を構築する製鉄炉地下構造は、一六世紀後半から末頃には、島根県東部や岡山県北西部にも伝わったらしい。島根県奥出雲町隠地《おんじ》遺跡三号炉や岡山県新見市大成山《おおなるやま》遺跡A区がそれである。ただし、本床状遺構・小舟状遺構の端部と掘形の間に「跡坪相当部」をもたないなど、技術がそのまま移転されたわけではなかった。

一方、中世製鉄炉地下構造は近世たたらの床釣りにも一定の影響を及ぼした。島根県の中世製鉄遺跡では本床状遺構の底面が小舟状遺構の底面より高いのに対し、岡山県北西部では両者の底面が同じ高さに造られる。両地域における近世たたらの床釣りは、島根県は本床が小舟の底面より高い高床《たかとこ》型、岡山県は両者の高さが同じ同床《どうとこ》型であり、中世製鉄炉の地下構造との共通性がうかがえる。近世たたらの製鉄炉地下構造は、本床・小舟の構築法や下床釣りの要素を共有しながらも、各地で培われてきた製鉄技術を発展させる形で成立したとみられる。

生産された鉄

鉄は、含まれる炭素の量によって硬さや流動性など、その性質が変化する。軟鉄は炭素含有率〇・二％以下、鋼《はがね》は〇・二～二・一％、銑鉄は二・一％以上である。銑鉄は堅くて脆いが融点が相対的に低いため流動性がある。鍋・釜など鋳物は、銑鉄を鋳型に流し込んだ鋳造品である。軟鉄は軟らかく加工しやすく、鋼は軟鉄より硬く焼き入れによってさらに硬度が得られる。農具・工具など鍛造品は、軟鉄を地金とし刃先に鋼を付けることで、折れにくくて切れやすい鉄製品となった。

中世の製鉄炉では、製鉄遺跡より出土した鉄塊系遺物の分析によれば、銑鉄を中心として炭素量が高めの鋼も生産されていた。中ノ原遺跡とタタラ山第一遺跡では、鉄滓《てっさい》捨場などで出土した鉄塊系遺物の分類による生産内容の検討の結果、前者は銑鉄生産が主体、後者は軟鉄・鋼・銑鉄の生産が比較的偏りなく行われたと推定されている。中世製鉄炉では、本床状遺構の端部に銑鉄を流し取る湯溜り状遺構をもつとともに、鉄塊の破砕・選別を行う小割場を備えたものも少なくない。また、製鉄遺跡で出土した鉄塊の分析結果では、炭素量が高めの鋼や銑鉄が生産されていたことが確認できる。

備後の三吉《みよし》（次）・恵蘇《えそ》両郡（広島県三次市・庄原市）では、寛永九年（一六三二）に鈩が五ヵ所で操業され、銑一五三駄・鉄一一駄が生産されたという記録がある。また、文政二年（一八一九）の「国郡志御用ニ付下調書出帳・郡辻書出帳（備後国奴可《ぬか》郡）」（広島県庄原市）でも、「往古ハ当時鍛冶屋ニ用ひ候鞴《ふいご》様之ものニ而一夜ニ付銑拾四、五駄・弐拾駄位も吹候事哉（以下略）」と高殿鈩《たかどのたたら》以前の操業をうかがわせる記述が見られ、銑鉄の生産が想定される。前述したように、江戸時代における出雲の鉧押法《けらおし》でも生産内容は銑五割・鉧三割・鋼二割であり、その七〜八割は精錬鍛冶が必要な銑と鉧であった。こうした記録からすれば、近世以前の鉄生産が鋼主体であったとは考えにくく、銑を中心とした生産が行われていたようだ。

中世の鉄生産は、操業中には製鉄炉の端部から銑鉄を抽出し、最後に炉内に生じた炉底塊を小割にして鋼系の鉄塊などを採取するものであった。その内容は、銑鉄を中心にして、炉底塊に含まれる炭素量が高めの鋼や鉧で構成されたとみられる。

中世の精錬鍛冶

中世製鉄炉で生産された鉄は、銑鉄と炉底塊であった。炉底塊は、鋼のほか銑鉄や鉄滓よりなることから、小割にして採取される鉄塊は炭素量にばらつきがあり、不純物を含むものである。このような鉄を鍛造品の素材とするには、炭素量の調整と不純物を除去する精錬鍛冶を行う必要があった。一一世紀頃には、これを効率的に進めるための新たな鍛冶技術として精錬鍛冶専用炉が出現する。

島根県飯南町板屋Ⅲ遺跡では、地山を掘り窪めて炉底とし、背後から大形羽口《はぐち》（送風管）で送風して、前壁の排滓孔から鉄滓を排出する構造をもつ精錬鍛冶炉が明らかになった（図13）。その形態は半地下式竪形炉に類似するが、大きさは内径三五チセン・高さ三〇チセン

図13　板屋Ⅲ遺跡の精錬鍛冶炉と羽口（島根県埋蔵文化財調査センター提供）

と小形である。羽口は、外径二〇㌢・送風孔径三㌢前後と厚みがあり、外面には成形に使われた簀巻き痕跡が残るのが特徴的である。鍛冶原料は、銑鉄や炭素量が高めの鋼で、二・五㌢前後に小割したものをまとめて炉内に入れ加熱した。

作業内容は、鍛冶原料に含まれる不純物の除去と、炭素量を下げる脱炭《だつたん》が行われたとみられる。精錬鍛冶炉下側の鉄滓捨場では、大量の鉄滓が出土した。その多くは排滓孔より流れ出た流動滓であり、鍛冶原料にはかなり不純物が含まれていたようだ。除滓とあわせて行われたのが脱炭である。大形羽口は、肉厚で耐火度は一四〇〇度以上と製鉄炉並みに高いが、これは羽口が熔融しにくいようにするための工夫である。鉄は炭素量が下がるほど融点が上がるため、脱炭が進むと高温作業が必要となる。羽口のこうした特色は、鋼から軟鉄レベルまで脱炭が進められたことをうかがわせる。精錬鍛冶炉の横では、鍛打《たんだ》作業が行われたことも判明している。軟鉄まで脱炭された鉄塊が板状に打ち延ばされ、鉄素材（錬鉄）に仕上げられた可能性が考えられる。

島根県出雲市佐田町檀原《だんばら》遺跡では、大形羽口を使わない精錬鍛冶炉も明らかになっている。これは、掘形に厚く粘土を貼って炉底とし、前壁は石組みの排滓孔をもつもので、炉は内径で三〇～四〇チセン・高さ三〇チセンである。一方の側壁には送風孔二つが炉の主軸に対し直交方向に設けられている。炉壁は、耐火度が一四二〇度と高く高温作業も可能で、鍛打作業も確認されていることから、板屋Ⅲ遺跡の精錬鍛冶炉と同様な機能をもつものと推定される。

鉄生産システムの確立

中世の精錬鍛冶専用炉は、板屋型と檀原型に大別される。大形羽口を伴う板屋型精錬鍛冶炉は、一〇～一一世紀頃とされる鳥取県大山町殿河内《とのごうち》ウルミ谷遺跡が最も早く、一二世紀後半～一三世紀前半の板屋Ⅲ遺跡、一六世紀後半の広島県北広島町小倉山城跡まで認められる。掘形に粘土を貼り炉壁に設けられた送風孔から送風する檀原型精錬鍛冶炉は、一二世紀の広島県三次市奥山遺跡まで遡る可能性があり、一四世紀の檀原遺跡、一六世紀後半の鳥取県倉吉市大河原遺跡と続いた。

これらの精錬鍛冶炉は、大形製鉄炉による製錬技術が確立される一一〜一二世紀頃には出現し、一六世紀まで存続したようだ。また、分布は広島県西部・島根県・鳥取県中西部・兵庫県西部に広がり、中世の製鉄地域とほぼ重なる（図14）。立地は、板屋Ⅲ遺跡のように精錬鍛冶炉が単独で立地する場合もあるが、畑ケ迫口遺跡や広島県東広島市石神遺跡などのように製鉄炉に併設された場合も多い。したがって、中世の鉄生産は製鉄炉と精錬鍛冶炉がセットになって進められたとみてよかろう。古代末から中世初めにおける製鉄技術の革新は、製鉄炉やその地下構造など製錬技術にとどまらず、精錬鍛冶を含めた鉄生産全体に関わるものだったのである。

中世の精錬鍛冶は、除滓にも重点が置かれている点や一つの鍛冶炉で高温作業もこなす点で、近世大鍛冶場とは技術的な違いがある。一方、製鉄炉で高炭素系の鉄を生産し、これを精錬鍛冶炉で除滓・脱炭して鉄素材とする製鉄法は、高殿鈩で主に銑鉄を生産し、大鍛冶場で脱炭して割鉄（錬鉄）に加工するという近世たたらの製鉄法に通じるところがある。製鉄と精錬鍛冶工程がセットになって鉄素材を生産する点においては、近世たたら製鉄へと繋がる鉄生産システムの原形をみることができる。

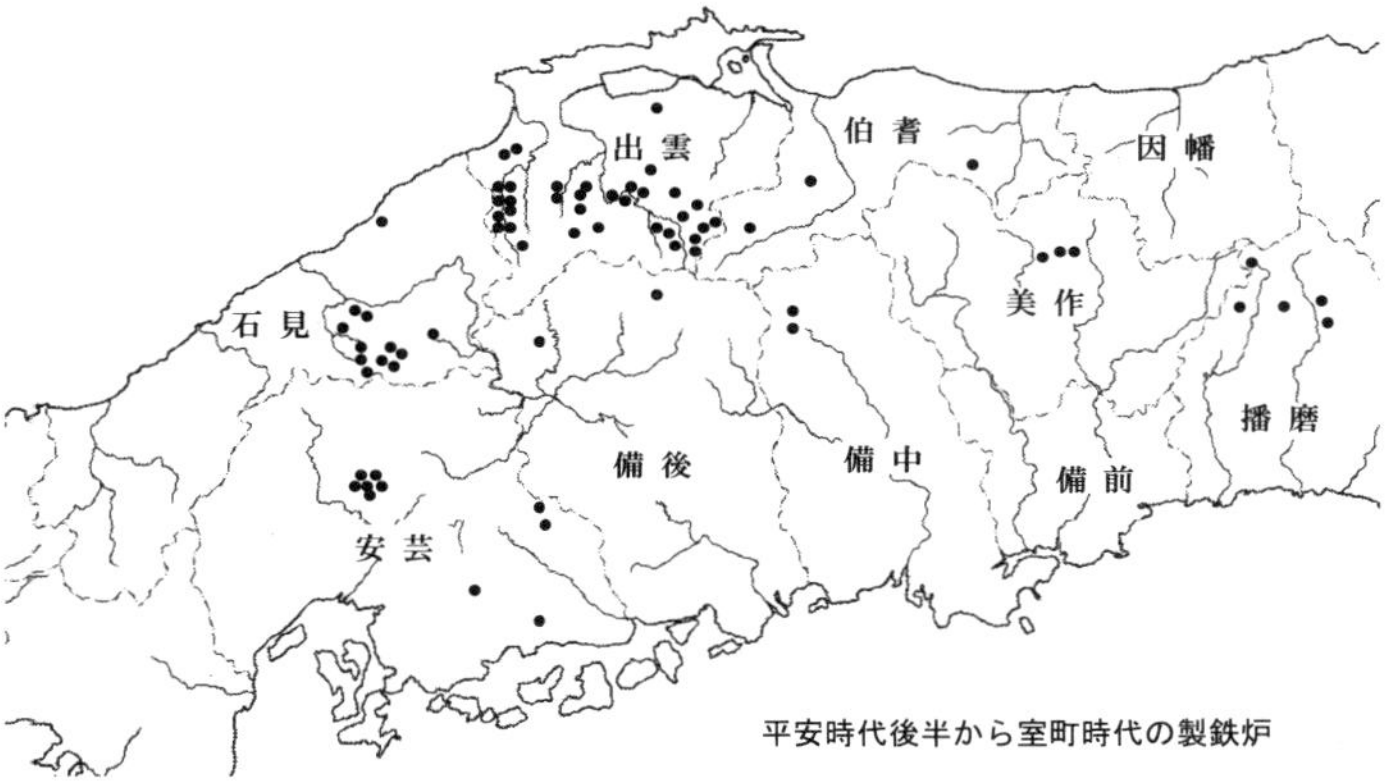

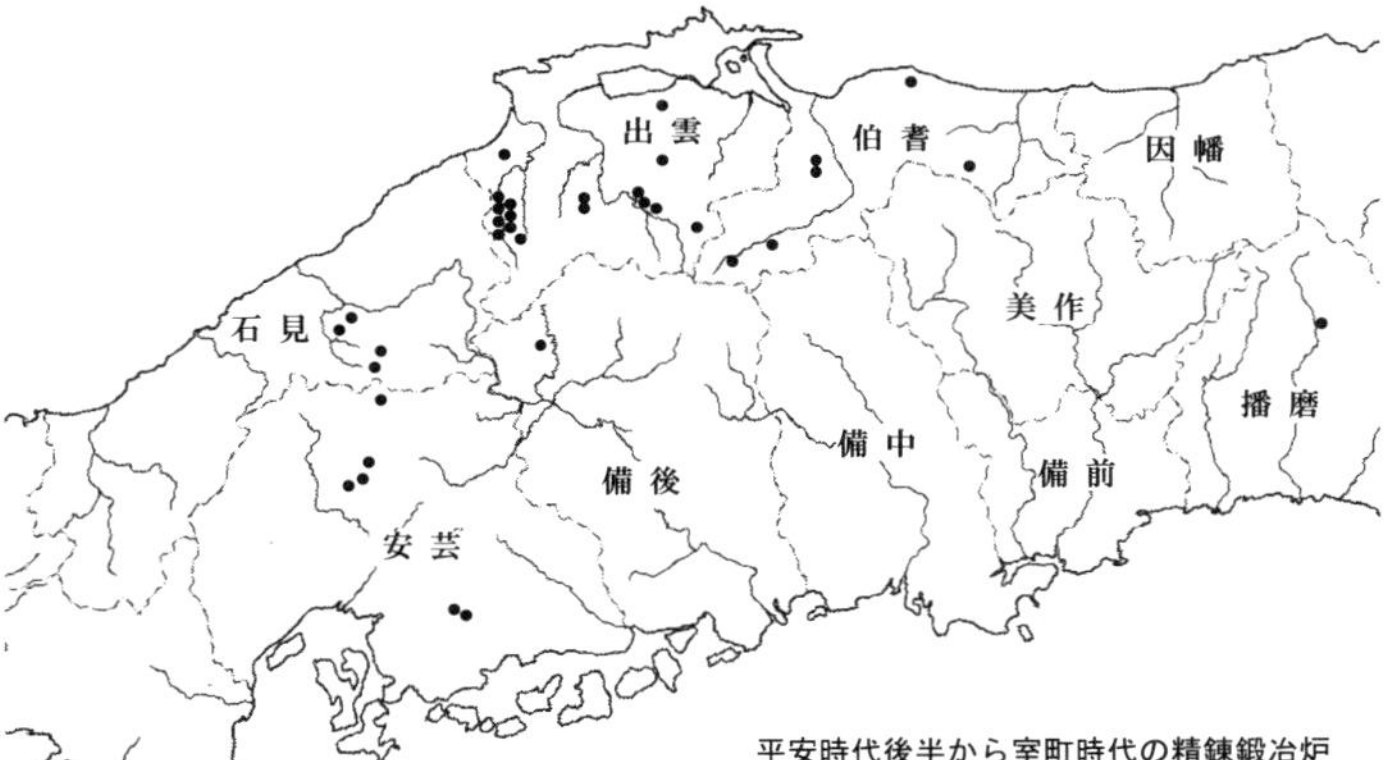

図14　中世製鉄炉と精錬鍛冶炉の分布

中世鉄生産における中国地方

鉄生産地域の消長

古代・中世における日本列島の鉄生産は、中国地方だけではなく東北・関東・北陸・近畿・九州などにも展開し、汎列島的に行われた。このうち、東北は七世紀末から一二世紀、関東は七世紀後半から一〇世紀代、北陸は八世紀から一三世紀前半、近畿は七世紀から八世紀にかけて製鉄が盛んに行われ、近畿を除く各地では箱形炉に加え竪形炉も展開する。また、九州は六世紀後半~九世紀までは箱形炉であったが、それ以降は竪形炉が導入されており、東北では中世後期にも竪形炉があることが確認されている。

中国地方の製鉄遺跡は、六世紀後半以降、箱形炉による製錬が一貫して続けられ、古

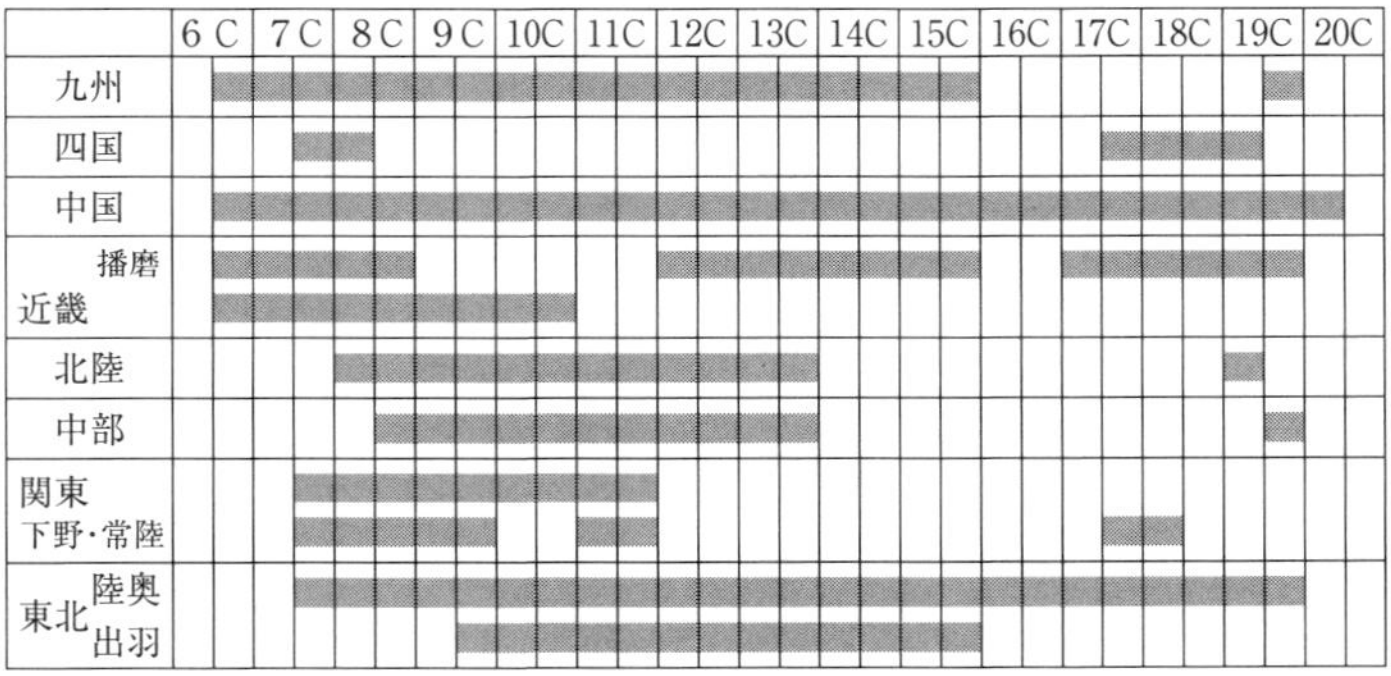

図15　製鉄遺跡の消長

代・中世そして近世たたら製鉄へと発展を遂げる。このようなところはほかになく、日本列島の鉄生産においても特殊な地域といえる。また、遺跡数は、一二世紀代までよりも一三・一四世紀代の方が増加する傾向があり、一五・一六世紀代も引き続き多数の製鉄遺跡が確認されている。他地域のように平安・鎌倉時代に比べて室町時代は鉄生産が衰微あるいは消滅するという動きはなく、むしろ盛行期を迎えるようだ。

鉄の二大生産地化

古代から近世まで継続して鉄生産が行われた地域は、中国地方のほかには東北の太平洋側に当たる陸奥があるのみである（図15）。近畿では播磨が同様に存続したとみられるが、地理的には中国山地の東端に位置することから、中国地方から続く同じ生産地域の一部ともいえる。また、関東では常陸・下野の北部に近世の東北で展開した烱屋《とうや》製鉄がみられる。これも阿武隈《あぶくま》山地から続く東北太平洋側の生産地域が及んだものであろう。

近世の鉄生産が中国地方と陸奥の二大生産地で行われたことは、よく知られている。古代から各地で展開した鉄生産は、近畿は一〇世紀代、関東は一一世紀代、北陸・中部は一三世紀代までは存続するが、それ以降は姿を消してしまう。これらの地域で消費された鉄は、他地域から供給を受けたはずだが、鉄生産が続いていたのは中国と陸奥のほかにはない。このような製鉄遺跡の消長からすれば、中国と陸奥の両地域は近世に入ってから鉄の二大生産地に躍り出たわけではなく、遅くとも室町時代、一四世紀代には産地化が進んでいたものとみてよかろう。

鉄の量産化と流通

中国地方で製鉄遺跡が増加する一三・一四世紀代は、広島県北広島町と島根県邑南町では製鉄炉地下構造として掘形の中に本床《ほんどこ》状遺構・小舟《こぶね》状遺構を構築するものが登場し、地下構造の整備が進められた。製鉄炉の防湿施設である地下構造の充実は、生産性の向上をもたらし、製鉄遺跡が増加する傾向にあるのと相俟って、この時期以降に鉄の量産化が進んだことがうかがわれる。

鉄の量産化は、流通と深く関わった。出雲では、永禄一二年（一五六九）の来次市庭《きすきいちば》中書状に鉄の流通を示す史料がある。これは斐伊《ひい》川上流域で生産された鉄が、来次市庭（島根県雲南市木次町）まで馬で運ばれ、川船に積み替えられて日本海沿岸部の杵築《きづき》（島根県出雲市大社町）まで搬出されたことを示す。また、同年の尼子《あまこ》勝久《かつひさ》安堵状には、「宇龍鉄駄別之儀」との記載があり、宇龍（出雲市大社町）において鉄に課す「鉄駄別」の徴収が行われていたことがわかる。宇龍は、永禄六年の史料によれば、北国船、因州・但州船、唐船までもが出入りする港であった。これらのことから、一六世紀には出雲山間部で生産された鉄は、斐伊川水運の拠点である来次市庭を経由して、海路との結節点であった杵築・宇龍へと運ばれ、さらには因幡・但馬や北陸などの船によって広く流通していたことがうかがえる（図16）。

近世たたら製鉄においては、山陰各地で生産された鉄は日本海沿岸部の港へと送られ、廻船によって大坂や北陸へと広域流通が行われていた。杵築・宇龍はともにその寄港地として知られており、宇龍は江戸時代中期には出雲屈指の鉄師である田部家の鉄の流通拠点であった。また、田部家の鉄は、斐伊川中流域の粟谷村《あわだに》（島根県雲南市三刀屋《みとや》町）へ馬で送られた後、船積みされて下流域の荒木（島根県出雲市大社町）へと送られるルートもあった。こうした経路は、前述した一六世紀代とよく類似しており、中世後期には近世に近

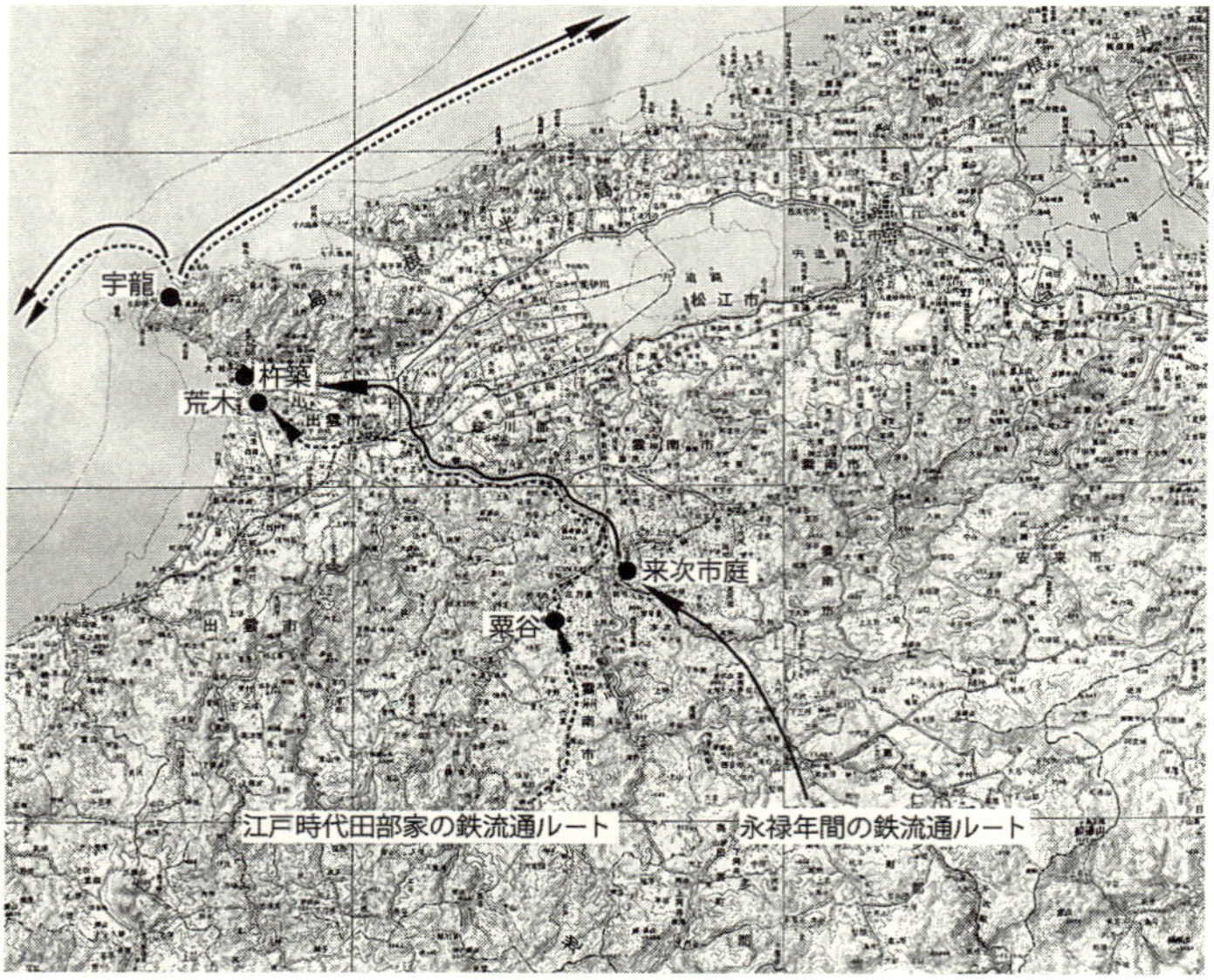

図16　鉄の流通経路

い状況で鉄の広域流通が行われていたのだ。

中世後期には、東北や九州の一部を除く各地で鉄生産が衰退する一方、中国地方では製鉄遺跡が増加する。その背景には、中国地方の製鉄技術が安定的に鉄の量産を可能とする段階に達したことと、日本海水運の発達などにより鉄の広域流通が行われるようになったことがあった。これらの要因によって、中国地方は日本列島において中心的な鉄生産地としての地位を確立するに至ったのである。

たたら製鉄の技術と信仰

たたら製鉄の成立

たたら製鉄とは

「たたら」という言葉は、『古事記』『日本書紀』に遡る。神武天皇の后として「富登多々良伊須々岐比売《ほとたたらいすすきひめ》命」「姫蹈鞴五十鈴姫《ひめたたらいすずひめ》命」の名がみえる。『日本書紀』は「蹈鞴」を「多々羅《たたら》」と読み、平安時代中期の『倭名類聚抄《わみょうるいじゅうしょう》』では「蹈鞴」を「太々良《たたら》」とする。たたらは、本来、鞴《ふいご》を意味する言葉だったようだ。

鉄の生産施設を「たたら」と呼んだとみられる史料があるのは、室町時代以降である。吉川家文書によれば、天文六年（一五三七）、吉川興経《きつかわおきつね》は「志けむ年ふん（重宗分）のたゝら山一か所」を知行した。また、杠《ゆずりは》家文書では天正一九年（一五九一）に毛利氏が豊臣政権による朝鮮侵略を前に鉄の確保を目的として「鉄穴《かんな》たゝら公用」を課していたこと、赤穴《あかな》家文書では慶長四年（一五九九）に毛利氏が家臣に「鉄穴鑪《かんなたたら》銭二拾壱石」を給付したことが知られる。これらの「たたら」は、鉄生産施設、あるいはそれを含む一定の範囲を指すとみてよいだろう。一六世紀代には、製鉄に関わる施設のことを「たたら」と呼んだようだが、それ以前については不明といわざるをえない。

〝たたら〟は、江戸時代になると「鑪」「鈩」「高殿」などと表記され、鉄の生産施設を指す言葉として一般化する。今日、私たちが「たたら」と聞いてイメージするのもその姿だ。江戸時代のたたらは、日本列島で培われた砂鉄製錬法が最も発展したものだが、この技術を「たたら吹製鉄法」と名付けたのは、俵國一である。俵は、著書『古来の砂鉄製錬法』の緒言で、砂鉄を原料とする古来の製錬法を「たたら吹製鉄法」としている。俵がここでいう「たたら吹製鉄法」とは、明治・大正時代まで稼働した在来製鉄法を指すことは明らかだ。では、たたら製鉄はいつ成立したのか考えてみることとしたい。

高殿の成立

たたらは、製鉄炉を覆う建物（高殿《たかどの》）をもつ高殿鈩と、それをもたない「野だたら」に分けられることがある。いわゆる「野だたら」が、文字通り露天で製鉄をしたのかどうかは検討する必要があるが、高殿の出現は天候に左右されない操業を可能にしたという点で大きな意味があった。

高殿は、製鉄炉を中心に置き、押立柱と呼ばれる四本の主柱をもつところに特色がある。絲原《いとはら》家文書では、万治二年（一六五九）の「叶谷鉄山証文」に「押立」、慶安五年（一六五二）の「室瀧鉄山証文」には「鑪かちや屋敷」がみえる。前者は高殿の柱、後者は役の負担に関する恒常的な建物であり、一七世紀半ばには高殿が存在したとみてよかろう。

製鉄遺跡では、前述したように隠地《おんじ》鈩一号炉が四本の主柱穴をもち径一二メートルの円形建物を伴うことが知られるほか、立岩《たていわ》三号遺跡には長方形に配置された四本柱で径一〇メートルの円形をした建物があったことが明らかになっている。その規模は、ともに径一〇メートルほどと大きくはないが、四本の主柱をもつことは高殿を思わせる。後者は一六世紀後半〜一七世紀初めとされ、中世末・近世初めには「高殿」に当たる建物が登場した可能性がある。前者は一七世紀後半のもので、高殿では一般的な主柱を台形に配置する特色もみられる。たたら製鉄の中心施設であり、「たたら」とも呼ばれた高殿は、一七世紀代には成立していたのである。

天秤鞴の導入

「たたら」は本来、鞴を意味する言葉であったように、製鉄炉の温度を上げる役割を担う鞴は、鉄生産の成否を左右する重要な施設であった。

鞴は、踏鞴から吹差鞴、そして天秤鞴へと発展した。踏鞴は、長さ二・四メートル前後の島板の

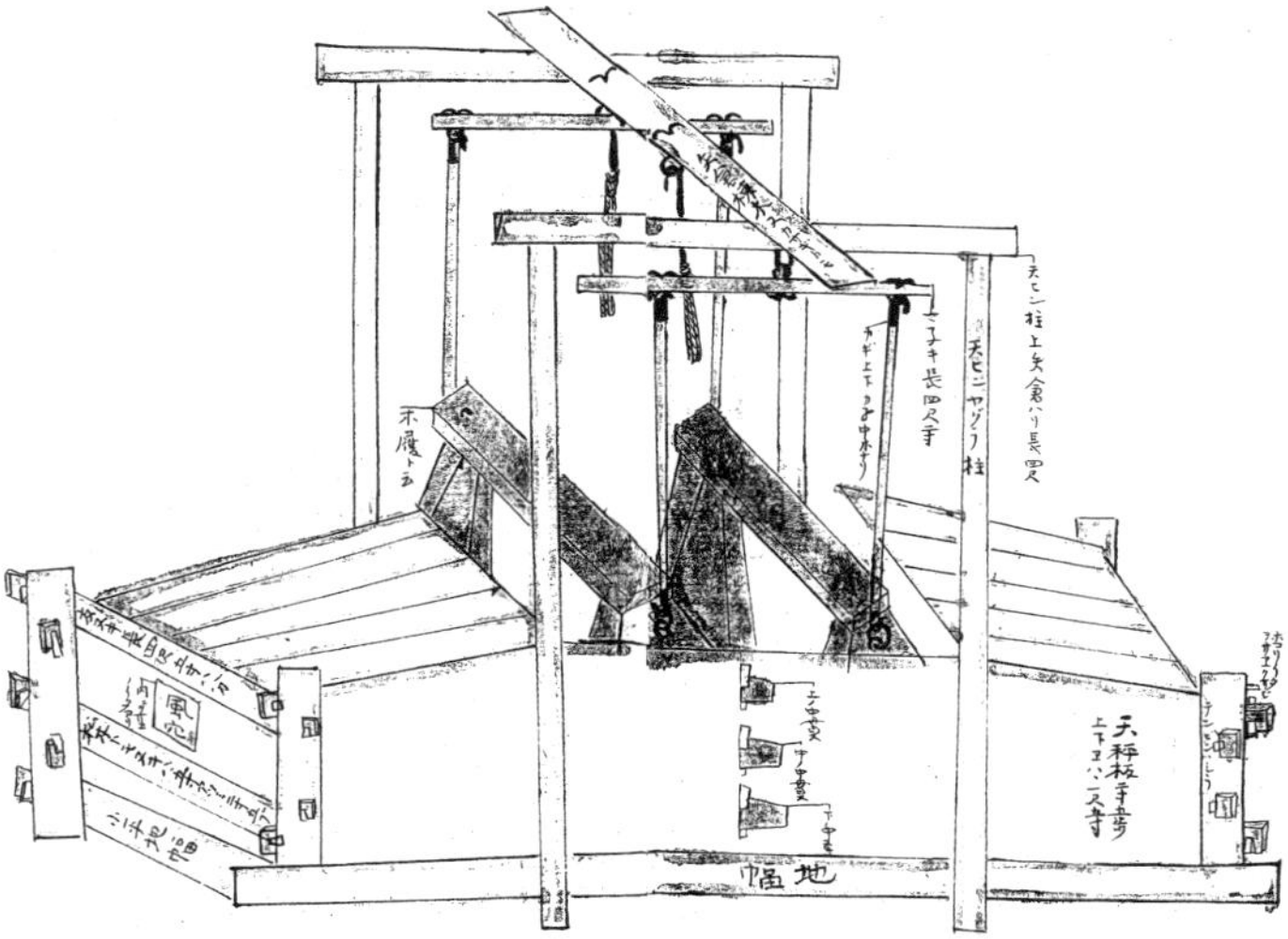

図17　天秤鞴（『金屋子縁記抄』）

中央を支点として、その両側を交互に踏み込み送風する構造、吹差鞴は長方形の木箱に持手の付いたピストンを取り付け、これを前後させることで送風する構造である。天秤鞴は、踏鞴の島板を中央から二つに分けて支点を両端に移し、一方の島板を踏むと他方の島板が上がる仕組みをもつ（図17）。武井博明の試算によれば、踏鞴による操業では一回の鉄生産量は四〇〇〇貫（一・五トン）以下、吹差鞴（二つ鞴）では四〇〇貫、天秤鞴（一人踏み鞴）では八〇〇貫（三トン）とされ、踏鞴・吹差鞴と天秤鞴では送風能力に大きな差があったようだ。

天秤鞴の導入は、貞享年間（一六八四～八八）とする安芸山県郡加計村（広島県安芸太田町）佐々木家の所伝が古い。出雲では、絲原家文書「鉄山旧記」に「元禄四年辛未より天秤吹始ル」とある。同時代史料である元禄七年（一六九四）の田部家文書「六重《むえ》村鉄山二十年季証文」には「天便吹」の鈩《たたら》普請《ふしん》に関する記述があり、村民にも天秤鞴の存在が知られていることから、その使用はさらに遡るとの指摘もある。石見では、石田春律《はるのり》の『金屋子縁記抄《かなやごえんぎしよう》』によれば、享保年間（一七一六～三六）に邑智郡川本村の石橋清三郎が発明したと伝わる。島根県川本町にある石碑「創天秤鞴記」も享保年中、清三郎によるものとする。これらからみると、天秤鞴は一七世紀後葉に登場し、一八世紀前葉にかけて各地に広がったようだ。

床釣りの整備

製鉄炉の防湿・保温施設である床釣り《とこつ》（地下構造）は、本床《ほんどこ》とその両側の小舟《こぶね》よりなる。これらは粘土で天井（甲《こう》）が架けられ、炭窯のように焼き抜くことで床釣りを乾燥させる機能をもつ。小舟は、それぞれ焚口と煙道が逆になるように設けられており、本床は甲の上に煙突を置いて両小口を焚口とした。床焼き作業は、掘形の両端にある作業空間（跡坪《あとつぼ》）を利用して行われた。乾燥作業後、小舟はそのままトンネル状になって残るが、本床の甲は落とされ、その粘土は鞴の台座などにされた（図18）。

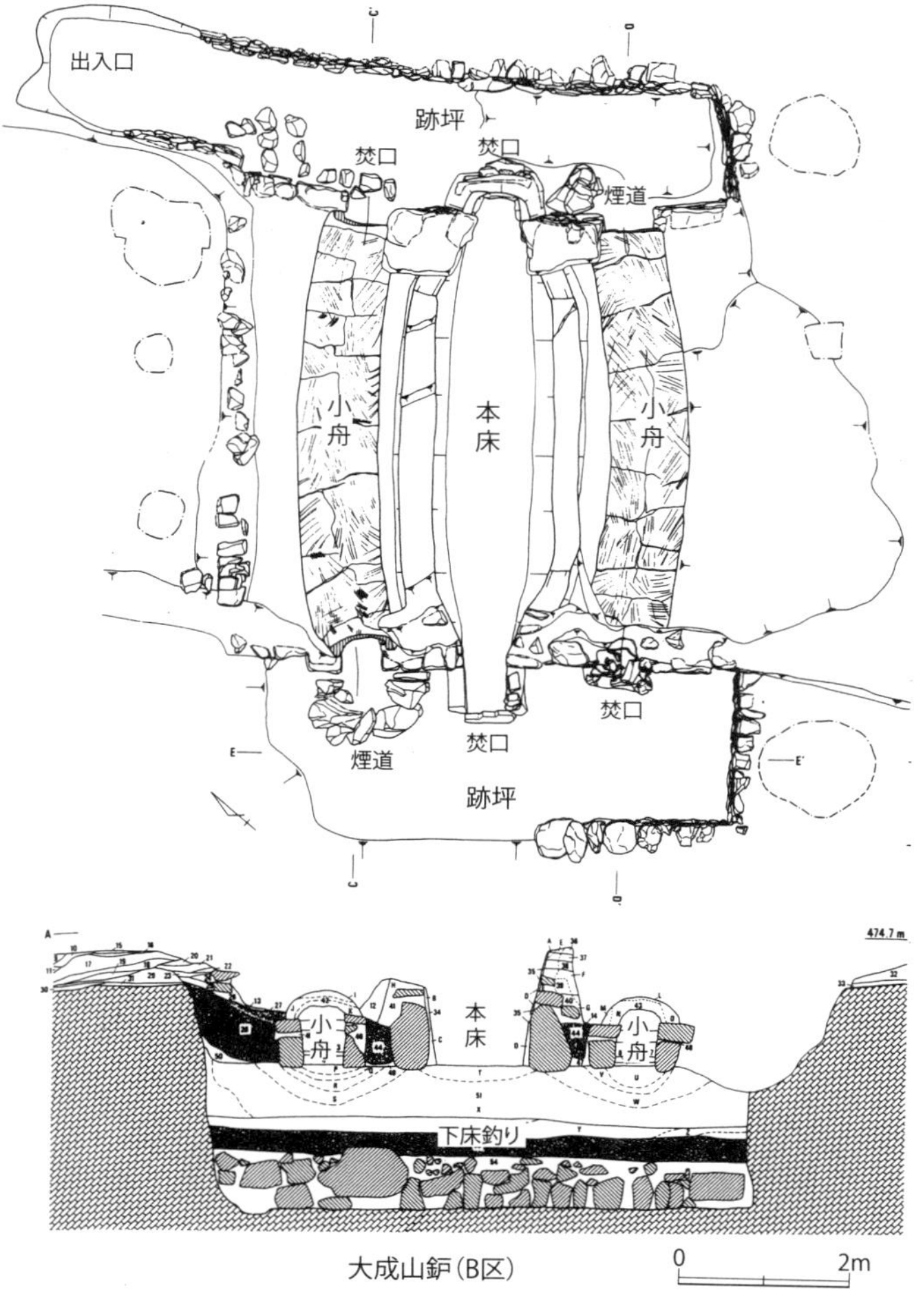

図18　高殿鈩の床釣り

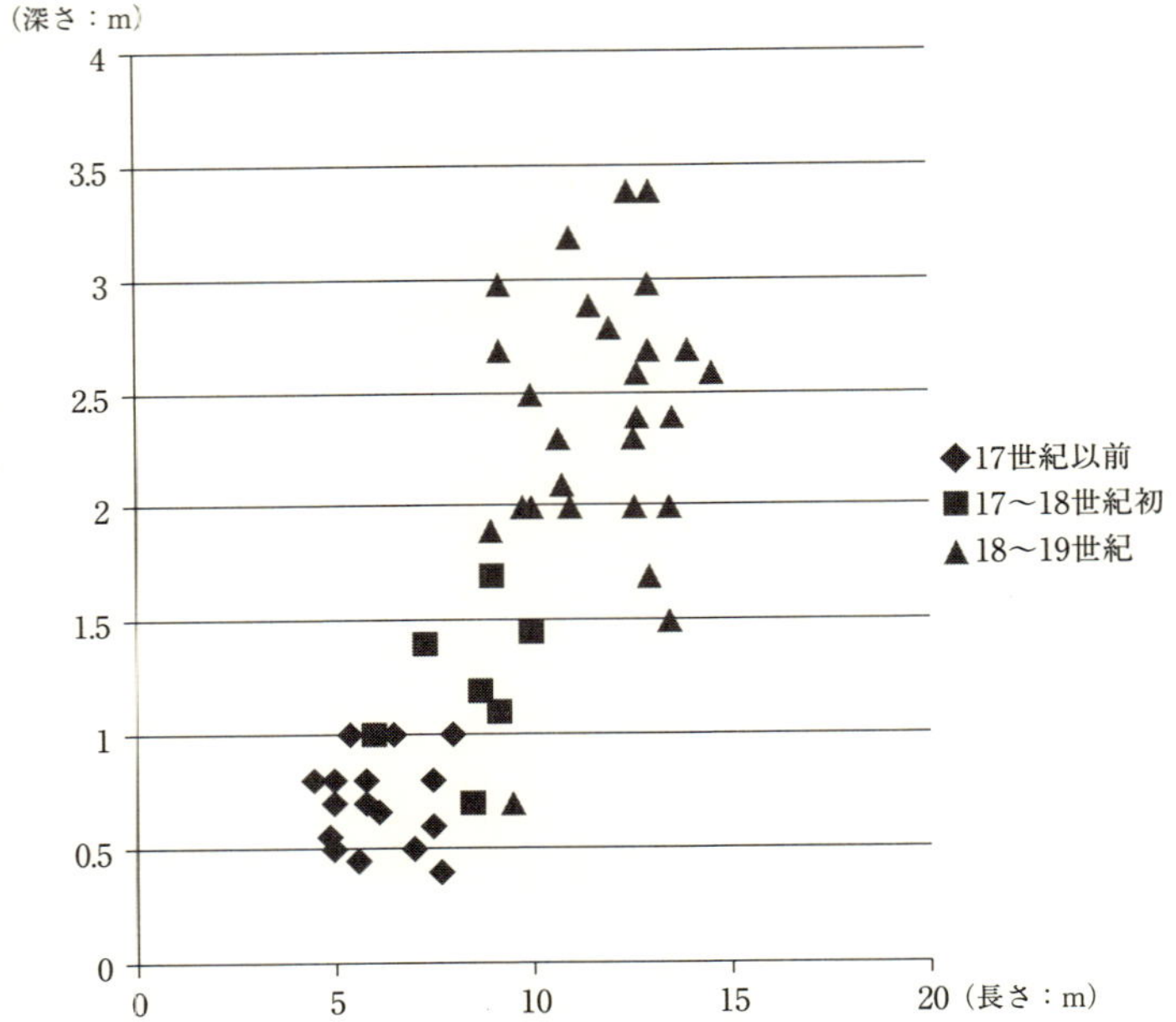

図19　製鉄炉地下構造の規模

　本床と小舟を備えた床釣りの原形が中世製鉄炉の地下構造にみられることは、すでに述べたとおりである。これと一七世紀代、一八〜一九世紀の地下構造の掘形を比較してみると、規模が次第に大形化することがうかがえる（図19）。一七世紀以前は、平均で長さ六メートル・幅二・四メートル・深さ〇・七メートルで、深さは一メートル以下と浅い。これに対して一七〜一八世紀初は、平均で長さ七・七メートル・幅四・二メートル・深さ一・二メートルと、ひとまわり大きくなる。一八〜一九世紀になると平均で長さ一一・八メートル・幅五・七メートル・深さ二・四メートルと、さらに大形化が進み、特に深さは三メートル以上のものもある。床釣りが深くなるのは、本床・小舟の下に設けられる下床釣りの整備が進むためで、掘形の底面に伏樋《ふせひ》を廻らし、坊主石《ぼうずいし》と呼ばれる石材や粘土などを使って二重・三重に防湿施設を構築することが一般化する。

床釣りは一定期間操業をすると、防湿効果を維持するために、跡坪を掘り返して本床・小舟を焼き直す「照し焼《てらしやき》」と呼ばれる作業が行われた。山﨑一郎によれば、安芸佐々木家では、一七世紀末〜一八世紀初めの段階では毎年平均五〇日程度も照し焼が行われたが、一八世紀末に向かうにしたがって三〜五年間隔で稼働期間中に一度ないし二度行われる程度になった。そして、照し焼の回数が減るのに伴って年間の操業回数は増加し、一八世紀初頭では年間五八回であったのに対し、一八世紀後半から一九世紀前半にかけては年間八〇回となるという。操業回数が増えることは、鉄生産量の増大を意味するわけであるが、照し焼の回数が減ったのは前述した床釣りの大形化、下床釣りの整備により、防湿・保温機能が強化されたことがあったようだ。

大鍛冶場の成立

高殿鈩では、銑《ずく》・鋼《はがね》・歩鉧《ぶげら》が生産された。このうち、銑と歩鉧は鉄製品の地金となる延べ板状をした錬鉄（割鉄《わりてつ》・庖丁鉄《ほうちょうてつ》）に仕上げられた。その作業が行われたのが大鍛冶場である。櫻井家文書によれば、慶安二年（一六四九）の「売渡シ中呑谷《のんだに》鑪山鍛冶屋山之事」に「長割」、「大工・さげ・ふきさし」がみえる。「長割」は割鉄の名称、「大工・さげ・ふきさし」は職名である。「大工」は職長で割鉄の成形作業など、「さげ」は銑の脱炭《だつたん》作業、「ふきさし」は吹差鞴の操作を担当した。史料に錬鉄の名称や、大鍛冶場の職名があるのは、一七世紀半ばには大鍛冶場が成立していたことを示している。

製鉄遺跡では、島根県飯南《いいなん》町獅子谷遺跡の大鍛冶場（Ⅰ期）が一七世紀後半から一八世紀前半のものとみられる。下げ場・本場に当たる炉二基と鉄床石が確認されており、大鍛冶場の基本的な施設構成をもつ。また、同安来《やすぎ》市富田川《とだがわ》河床遺跡では、一七世紀前葉または中葉とされる錬鉄が出土している。錬鉄は、長さ三四〜三八チセン・幅四〜五チセン・厚さ三〜四チセン、重さは二・七〜三・四キロで、一八世紀以降の定型化された割鉄と比較すれば、長さが短く厚みがあることなどやや異なる。しかし、主軸に沿って割目を入れ二つに分割する製作法が同様であるほか、重さはほぼ近く、一七世紀代における錬鉄の形態を示すものとみてよかろう。

たたら製鉄の成立

河瀬正利は、たたら製鉄の特徴的な要素として、砂鉄を原料とすること、製鉄炉の地下に大規模な保温・防湿施設である床釣りをもつこと、送風施設として天秤鞴を備えることをあげる。そして、「たたら吹製鉄」という言葉は、厳密な意味ではこれら三要素がそろうものに限定して用いるのが適切であるとした。天秤鞴が果たした役割を重視し、「高殿鑪体制」の確立を元禄・享保期とみるのは土井作治も同様である。確かに、一七世紀末〜一八世紀初めには、天秤鞴の導入と相俟って、床釣りも大形化するなど生産施設の整備が進んでおり、現在、我々がイメージするたたらの姿ができあがったのはこの時期である。

一方、たたら製鉄は、高殿鈩と大鍛冶場がセットになって操業されるところに大きな特色がある。その萌芽が中世にみられることは前述したとおりであるが、下げ場・本場で構成される大鍛冶場が登場するのは一七世紀代である。ほぼ同じ時期には本床と小舟からなる床釣りの定型化が進み、小規模ではあったが高殿も建設される。たたら製鉄を高殿鈩と大鍛冶場による鉄生産と捉えるなら、その確立は一七世紀代ということになる。

古代に遡る箱形炉による砂鉄製錬は、古代末・中世初め、中世後期などいくつかの技術革新を経ながら、近世たたら製鉄へと発展を遂げた。一七世紀代には高殿鈩と大鍛冶場による鉄の生産体制が整えられ、一七世紀末〜一八世紀初めの天秤鞴導入を契機とする生産施設の大規模化を経て、たたらは一八〜一九世紀代に最盛期を迎える。

ここからは、たたら製鉄の完成された姿をみていくこととしたい。

砂鉄と木炭

たたらで使われた砂鉄

製鉄原料となった砂鉄は、真砂《まさ》砂鉄と赤目《あこめ》砂鉄に大きく分けられる。真砂砂鉄は鉧押《けらおし》（鋼《はがね》ができる操業法）、赤目砂鉄は銑押《ずくおし》（銑鉄を生産する操業法）に向くとされる。その指標は、二酸化チタンの含有率にあり、真砂砂鉄は五％以下、赤目砂鉄は五％以上となる。

たたらの操業では、製錬作業の工程によって、様々な種類の砂鉄が使われた。鉧押の場合、三昼夜かけて行われる操業は籠《こも》り・籠り次・上り・下りに分けられるが、操業初期の籠りには熔けやすい赤目砂鉄、籠り次はやや二酸化チタン比の低い赤目砂鉄、上りは二酸化チタン比の高い真砂砂鉄、下りは真砂砂鉄が炉内に装入された。

このように一回の操業に使われる砂鉄は多様であり、しかもその使用量は約一三トンにも及ぶため、たたらには多数の砂鉄採取場から砂鉄が集められた。鳥取県日野町都合山鈩《つごうやまたたら》は、明治二五年（一八九二）の砂鉄調達について記録があり、真砂砂鉄は鈩に隣接する都合鉄穴《かんな》を含め一七ヵ所、赤目砂鉄は南六キロに位置する日南町神戸上《かどのかみ》の六ヵ所など計二〇ヵ所以上で採取された。また、田部家文書『明治十六年旧記』によれば、菅谷《すがや》鈩は附属の鉄穴が鈩に隣接する茅野鉄穴をはじめとして一八キロ圏内に一二ヵ所あるほか、川砂鉄も二ヵ所から供給を受けた。

川砂鉄・浜砂鉄の採取

川砂鉄と浜砂鉄は、母岩に含まれる砂鉄が川や海岸へ流されることにより土砂と自然に分離して堆積したものだ。前述したように『出雲国風土記』『播磨国風土記』『常陸国風土記』に川砂鉄・浜砂鉄の記載があり、古代から利用されてきたことがわかる。

川砂鉄・浜砂鉄の採取法は、近世以降では小鉄鋤《こがねすき》・鋤簾《じょれん》・柄杓《ひしゃく》・小鉄舟《こがねぶね》などの用具が使われ、採取施設は特に必要としなかった。作業は主に夏に行われたが季節は問わず、一人または数人が従事したようだ。川砂鉄の採取は、流れが緩やかで水深が浅く、砂が溜まって川底が平坦なところが選ばれた。まず、支柱（小鉄又《こがねまた》）を一間（約一・八メートル）の間隔で

図20　川砂鉄の採取（島根県教育委員会提供）

設置し、その間に流れに対し直交するようにモグリ板を立てる。モグリ板の上流側の川底を鍬《くわ》で掘ると、水は板の下を通って流れ、比重の重い砂鉄は板の近くに溜まり、軽い砂は流出する。これに小鉄鋤を下流から上流側に向かって差し入れ、揺らすことで混入した砂を流して砂鉄を集めた。砂鉄は一定量が取れると、川岸に設置した小鉄舟に移した。これに柄杓で水を上方から流しかけて、また積み上げては流す作業を繰り返して洗い、含有率八五％の砂鉄に仕上げたという（図20）。

山砂鉄の採取　山砂鉄は、母岩に含まれる砂鉄を直接採取したものである。川砂鉄・浜砂鉄は、複数地域の異なる母岩より流出した種類の違う砂鉄が混じり合うのに対し、より均質である点に特徴がある。山砂鉄の採取場は、鉄穴と呼ばれる。『続日本紀』に近江国の「浅井高嶋二郡鉄穴」がみえることから、鉄穴の名称は古代に遡るが、その実態は明らかでない。

一六世紀後葉の史料にも、前述したように鉄穴の記載がある。松江藩では慶長一五年（一六一〇）に斐伊《ひい》川上流域の鉄穴流しを禁止したほか、広島藩でも寛永五年（一六二八）に太田川での鉄穴流しを禁じる。これらは、大量の土砂が流出するような鉄穴流しが一六世紀後葉には行われたことをうかがわせるもので、母岩を掘り崩し、水流によって比重が砂より重たい砂鉄を選鉱する作業が想定される。その規模は、一七世紀前半には流域に洪水などの問題を起こすほどであったようだ。

鉄穴は、母岩採掘場（切羽《きりは》）・砂鉄選鉱場（下場《したば》）・水源から切羽へ導水する水路（井手《いで》）・切羽から下場へ砂鉄を含む土砂を押し流す水路（走《はしり》）よりなる。天明四年（一七八四）の下原重仲『鉄山必用記事（鉄山秘書）』には、その構造が記録されており、一八世紀後半にはこうした施設で鉄穴流しが行われていたことは明らかだ。

一方、宝暦四年（一七五四）の『日本山海名物図絵』所載の「鉄山の絵」は、母岩を掘り崩して人が土砂を運び出し、底に筵《むしろ》を敷いた渓流に入れて、筵の上に溜まった砂鉄を採取する様子を描く。著者の平瀬徹斎《ひらせてつさい》は、播磨宍粟《しそう》郡（兵庫県宍粟市）のたたら経営者千草屋の大坂分家の人物である。また、文政八年（一八二五）の『芸藩通志』奴可《ぬか》郡の項には、「昔は土鉄を採り、水際に持出て淘洗《とうせん》し、故に其鉄採りしあと、穴にもなりしより、鉄穴と名づけたる」との記述もあり、いわゆる鉄穴流しとは異なる砂鉄採取が行われたことがうかがえる。徳安浩明は、このような小規模な地形改変による砂鉄の採取が鉄穴流しに先行するものであり、一八世紀中頃まで行われていたとみる。そして、鉄穴流しの成立は、排出土砂による被害対策がとられるようになった一七世紀中頃以降とする。

鉄穴流しの作業

鉄穴流しは、主に農民が従事し、秋の彼岸から春の彼岸まで行われたという。この時期は農閑期に当たり作業に従事する労働力を確保しやすく、しかも排出土砂が農地の灌漑《かんがい》用水へ与える影響が少ないためである。たたら経営者と農民は、排砂をめぐって対立することも少なくなかったが、農閑期において農民が一定の収入を得ることは、その調整を果たす側面もあったようだ。

母岩は、風化が進んだ花崗岩や閃緑岩を主体とする。砂鉄とは、これらに含まれる磁鉄鉱・赤鉄鉱・チタン鉄鉱などのことである。母岩に含まれる砂鉄の含有率は、真砂砂鉄で〇・五％、赤目砂鉄で三％程度とされる。母岩を掘り崩す切羽は、一五〇〇平方メートルを一区域とした。五〜十数人が打鍬《うちぐわ》で崖を透かし掘りして崩落させ、井手を流れる水で砂鉄を含む母岩を押し流した。井手は、渓流に取水堰を設けて水源とする。鳥取県日南町砥波上《となみかみ》鉄穴では、魚切谷山の渓流に堰堤が造られ、長さ三二㍍・幅一二㍍の貯水池となっていた。井手は延長一・一㌔あり、切羽へ向かう途中にも谷水を集める池が四ヵ所に設けられ、水量の安定的な確保が図られる（図21）。

切羽で掘り崩された母岩は、走を流れ下ることで粉砕され、砂鉄と砂に分離する。走は、砂鉄選鉱場である下場へと続き、砂鉄と砂との比重の違いを利用して選鉱が行われた。下場は、砂溜・大池・中池・乙池・洗樋《あらいどい》よりなる。砂溜と各池には、管《くだ》と呼ばれる木棒を横積みにした仕切りがあり、管を超える砂混じりの流水は排砂口より排出される。土砂が管の上端に達すると、その上に管を置き、池がいっぱいになるまで土砂を溜めた。これを次の池に移すには、清水路より水を入れて管を順に外す。こうした作業を大池、中池、乙池と繰り返し、洗樋では洗鍬で攪拌して砂鉄を精洗した。砥波上鉄穴の下場は、大池は素掘り、中池は石組み、乙池は板組みで、各池の間には石組みの排砂口があり砂は渓流へと流された。清水路は各池の丘陵側に並行して配置され、乙池の横には洗い上げた砂鉄を集めた砂鉄置場がある。

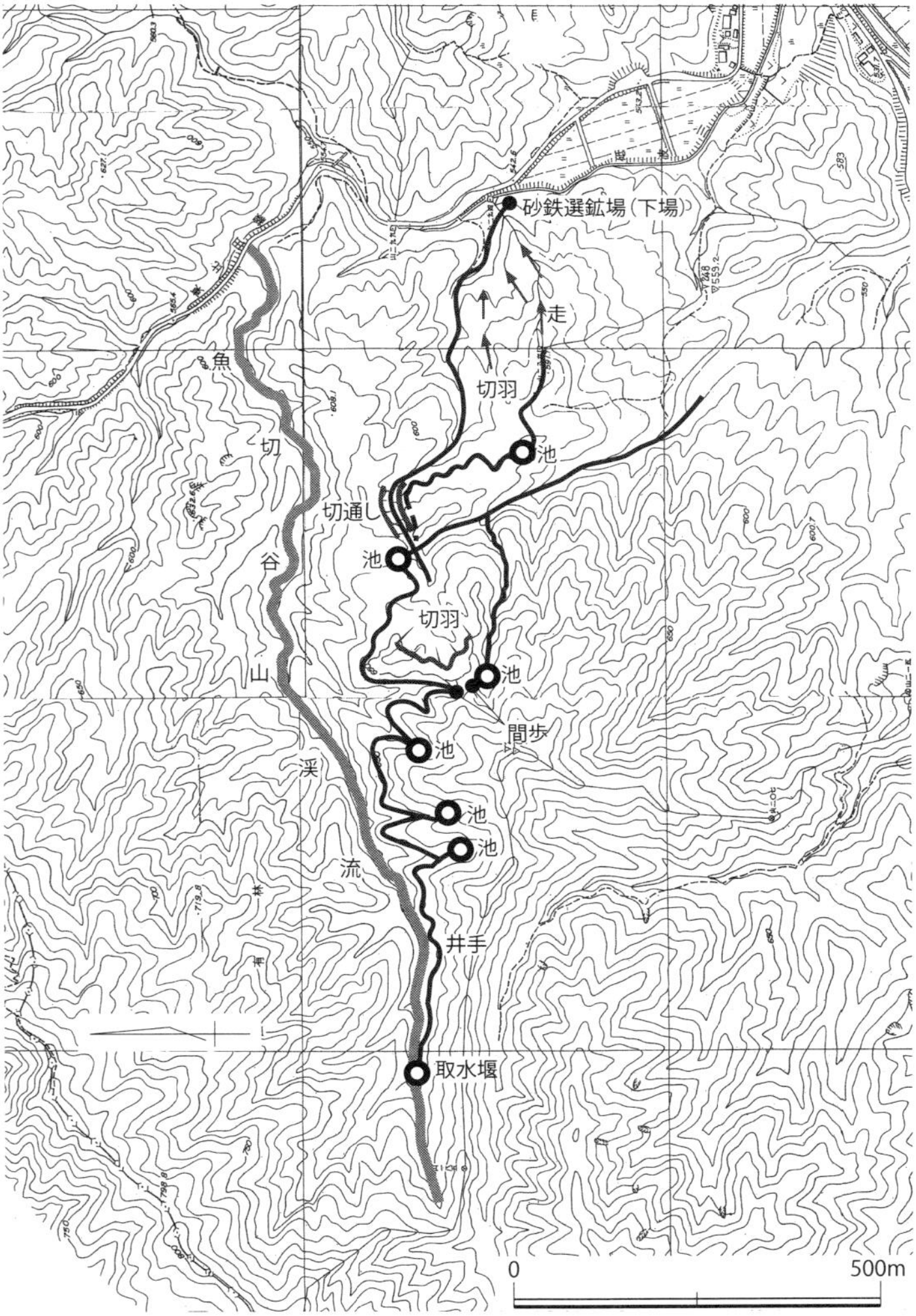

図21　砥波上鉄穴の構造

選鉱施設の規模や砂鉄の含有率は、砂鉄選鉱場によって違いがあった。俵國一が記録した砥波鈩付近砂鉄選鉱場は砂溜九メートル、大池・中池・乙池一一メートル、洗樋六・四メートルである（図22左）。仕上小鉄《しあげこがね》（選鉱後の砂鉄）は、含有率二〇〜二三％前後であった。『鉄山必用記事』も印賀郷（日南町大宮）の砂鉄は「三分洗」であったとしており、これに近い。明治三〇年（一八九七）頃からは、洗樋に再度仕上げ小鉄を入れて洗鍬で攪拌して精洗し、含有率五〇％くらいにしたという。島根県吉田村（雲南市吉田町）付近砂鉄選鉱場は、砂溜一二・七メートル、抜込《ぬきこみ》（大池）一六・四メートル、中池一二・八メートル、乙池一〇メートル、洗樋五・五メートルである（図22中）。母岩に礫《れき》が多く含まれているため、各排砂口には石刎《いしはね》と呼ばれる木柵が設けられ、これを取り除いた。仕上小鉄は含有率八五％で、一日五六二キロが採取された。

一方、規模が大きい鉄穴では大量の土砂が流されるため、大池・中池を二列に配置する選鉱場もあった。島根県奥出雲町羽内谷《はないだに》鉄穴の下場は、大池二〇メートル、中池一四メートル、乙池一〇メートル、洗樋八メートルで、大池と中池が二列になっている（図22右）。砂鉄は含有率八五％で、一日二トンが採取されたという。

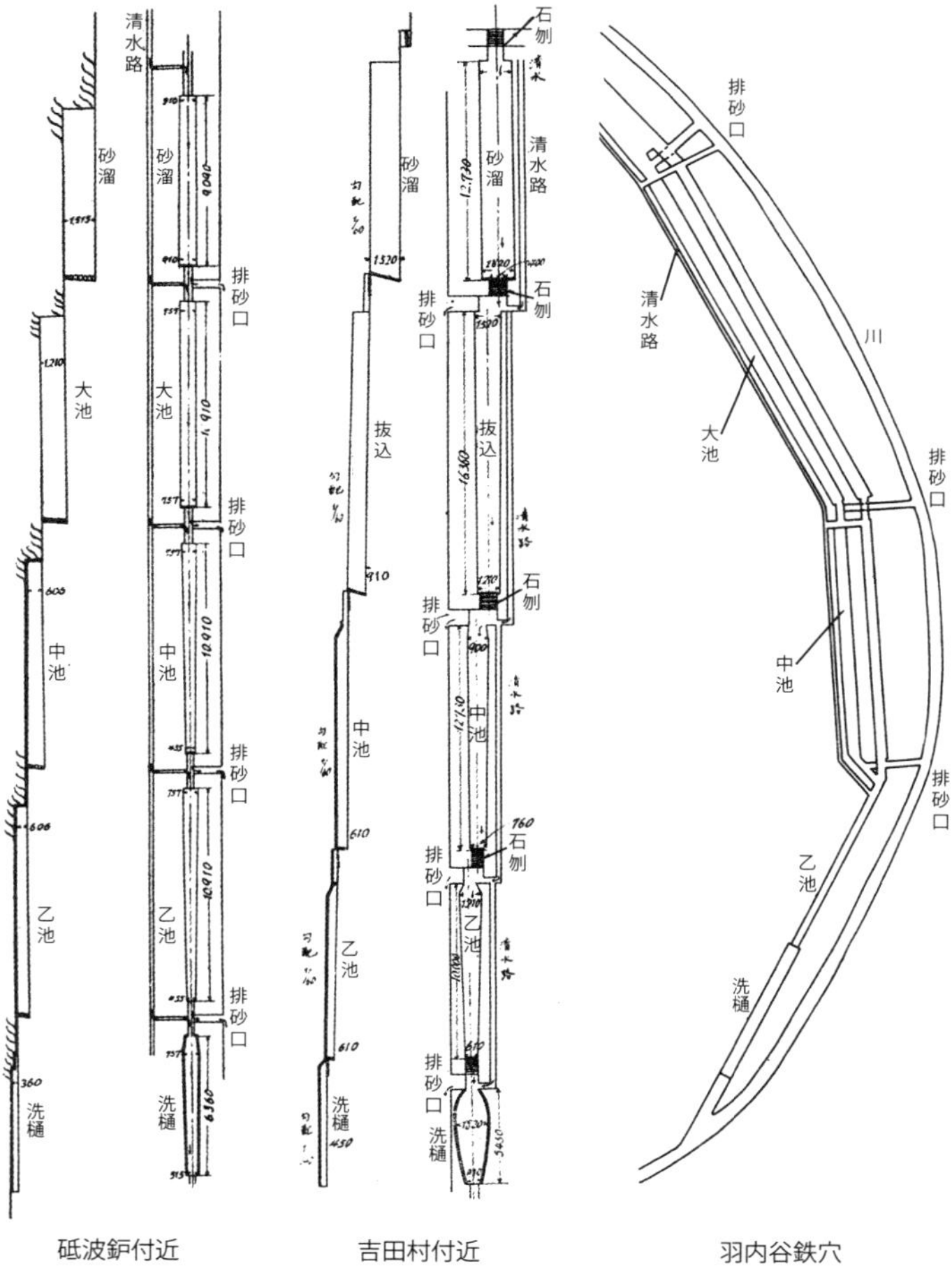

図22　砂鉄選鉱場

木炭には、製鉄炉で砂鉄を製錬するための大炭《おおずみ》と、大鍛冶場で銑・鉧の精錬鍛冶をして錬鉄を製造するための小炭《こずみ》がある。

たたらで使われた木炭

大炭の原木は、『鉄山必用記事』によれば、マツ・クリ・マキが良いとされる。原木は木炭窯で焼かれ大炭となるが、完全には炭化せず半焼けのものも多かった。これは、発生する一酸化炭素が、酸化鉄である砂鉄中の酸素と反応し二酸化炭素として排出されることで、鉄を還元したからである。鉄と酸素の結びつきを弱めるには、製鉄炉内の温度を上げる必要もあるが、大炭はその燃料であると同時に還元剤としての働きもしたのだ。

大炭を焼く労働者は、山子《やまこ》と呼ばれる。雲南市吉田町菅谷での聞き取りによれば、木炭窯は長さ四・四五㍍・幅三・三㍍、周囲を石垣で造り、地面を少し掘ってササと木材を敷いて底面とした。一六〇㌢あまりに切ったマツや雑木を立て並べた後、その上に粘土で天井(甲《こう》)を架けて、五～六日間焼いたという。

大炭の生産量は、鳥取県日野郡では一基あたり一回約一・五～一・九㌧で、これに要する原木は六～七・四㌧が必要であった。大量に必要な原木を確保するためには、炭窯は一年に二回移動することを余儀なくされた。菅谷でも「一竈五百貫」とされ、一回で一・九㌧

ほどの生産があったようである。鈩では三昼夜操業で大炭一三・五トン、四昼夜操業で一八トンが使われるが、仮に「一竈五百貫」の炭窯一基でこれをまかなおうとすれば、前者で七・二回、後者では九・六回の操業が必要であり、用材も五三〜七二トンにのぼる。炭窯一基分の作業日数は、木の切り出しに五日、焼くのに六日、冷ますのに四日、俵詰めに五日と合計二〇日かかった。高殿鈩《たかどのたたら》は、年間五〇〜六〇回操業されたが、これに要する大炭を生産するためには大量の原木を確保できるだけの広大な山林と、それにかかる膨大な労力を必要としたのである。

小炭の原木は、『鉄山必用記事』によれば、マツ・クリ・スギなどの枝木が良いとされる。これらを長さ九〇センチほどに揃えて積み上げ、火が全面に廻るとササ・シバをかけて蒸し焼きにした後、土をかけて消火したものが小炭である。特に施設は必要とせず、露天で焼いただけのいわゆる消炭であった。菅谷では、径九センチほどの木を小炭床と呼ばれる平らなところに積み重ね、柄振《えぶり》で掻き混ぜながら焼いた。火勢が強くなると灰になってしまわないように小枝をかぶせ、頃合いをみて小炭の粉をかけて火を消した。竹籠一杯分を一升と呼び、一度に二升くらいを焼いたという。

木炭窯の大形化

製鉄に使う木炭の生産は、古代から行われてきた。六世紀後半～九世紀前半の木炭窯には、横口付木炭窯と呼ばれるものがある。窯体を斜面に対し平行に置き、その端部に焚口と煙道、側面に横口が六～一〇個並ぶ特異な形態をもつ。同様な構造の先行例が韓国で知られており、朝鮮半島から製鉄炉と一緒に導入されたものとみてよかろう。一方、六世紀末頃には、窯体を斜面に対し直交方向に置き、奥壁に煙道をもつ登り窯状木炭窯も出現する。古代の検出例は中国地方ではないが、近畿・北陸・関東・東北などでは横口付木炭窯に代わるように広範囲に普及している。

中世になると、中国地方でも登り窯状木炭窯が展開したことが知られる。窯体は、斜面をトンネル状に掘り込み、平面形は長方形または羽子板形である。規模は、長さ三～四メートル・幅一～一・五メートル、容積三～六立方メートルのものが多い（図23左：島根県邑南町中ノ原遺跡一号炭窯）。これに対し、近世の木炭窯は斜面を削平して平坦面を造ってから窯体を掘り込み、平面形は焚口から奥壁に向かって弧状に幅が広くなる洋梨形である。規模は、長さ五～六メートル・幅二～三メートル・容積一四～二〇立方メートルにもなる（図23右：島根県邑南町米屋山遺跡）。中世に比べて窯体の大形化が顕著であり、形態も犠牲材が出やすい焚口側を狭くして良い炭ができる奥壁側を広くするなど改良が加えられる。

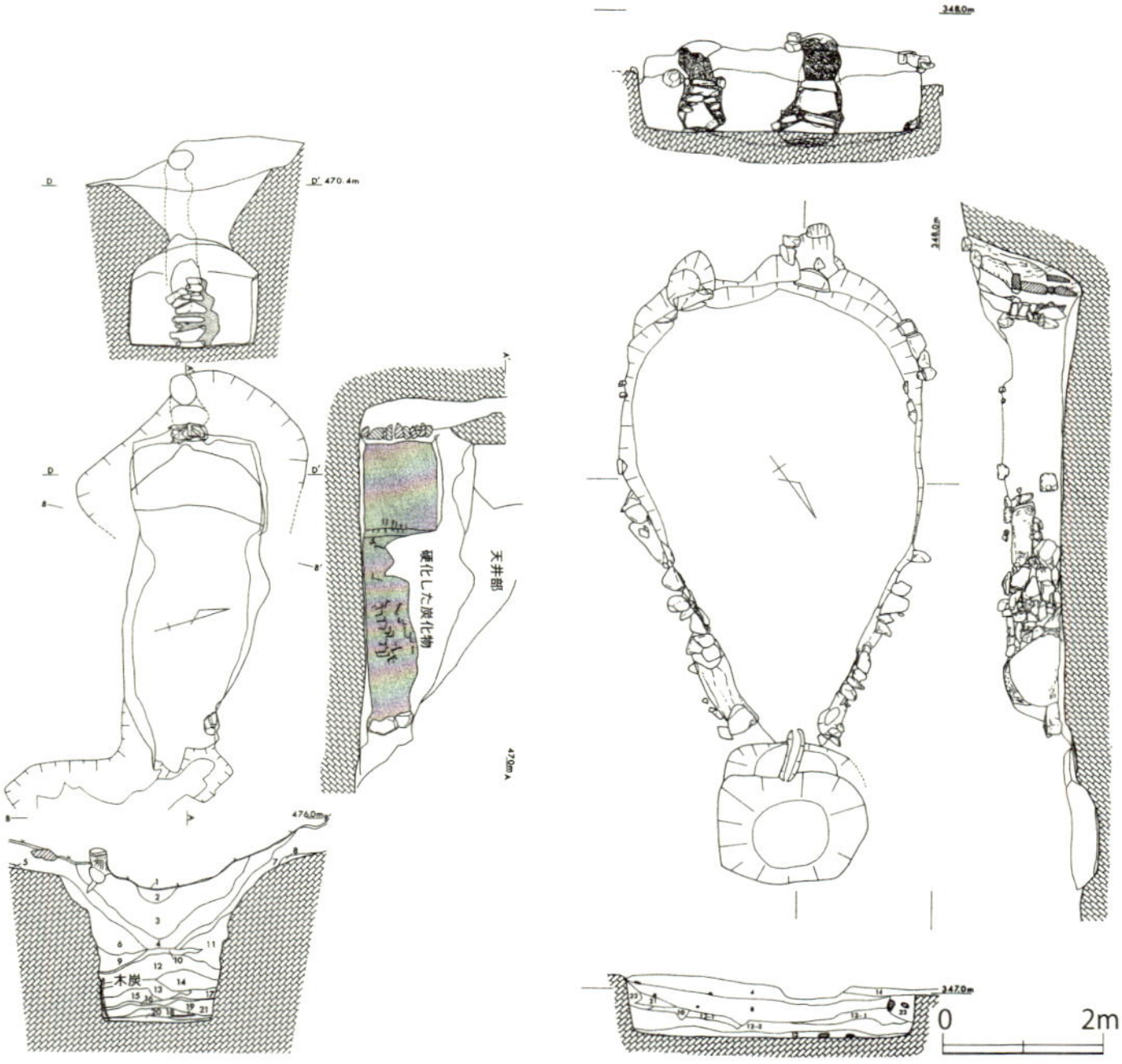

中ノ原遺跡1号炭窯　　米屋山遺跡

図23　中世と近世の木炭窯

近世たたら製鉄の成立は、木炭需要の大幅な増加をもたらした。これに応えるためには木炭窯一基あたりの生産量を伸ばす必要があった。木炭窯の大形化や、生産コストとなる犠牲材が生じにくい構造への変化は、それを達成するための技術改良の結果といえる。

製鉄場（山内）の施設と生産内容

山内とは

たたら製鉄の生産施設は、高殿鈩《たかどのたたら》や大鍛冶場だけではなく、砂鉄を精選する砂鉄洗場（内洗場）、鉧《けら》を破砕する銅小屋（大銅場・銅折場）、原料・製品を保管する炭小屋・鉄倉で構成される。これらと事務所である元小屋、労働者の住居である下小屋（長屋）、金屋子《かなやご》神社などが一体となって、たたら製鉄に専ら従事する人々の集落が形成されていた。これが山内《さんない》である（図24）。中世製鉄遺跡では、山内に相当する集落は確認されていないので、その成立は近世、おそらくは生産施設が大規模化する一八世紀のこととみられる。

山内の規模や構造は、地域や製鉄場によって様々であった。主要な生産施設である高殿

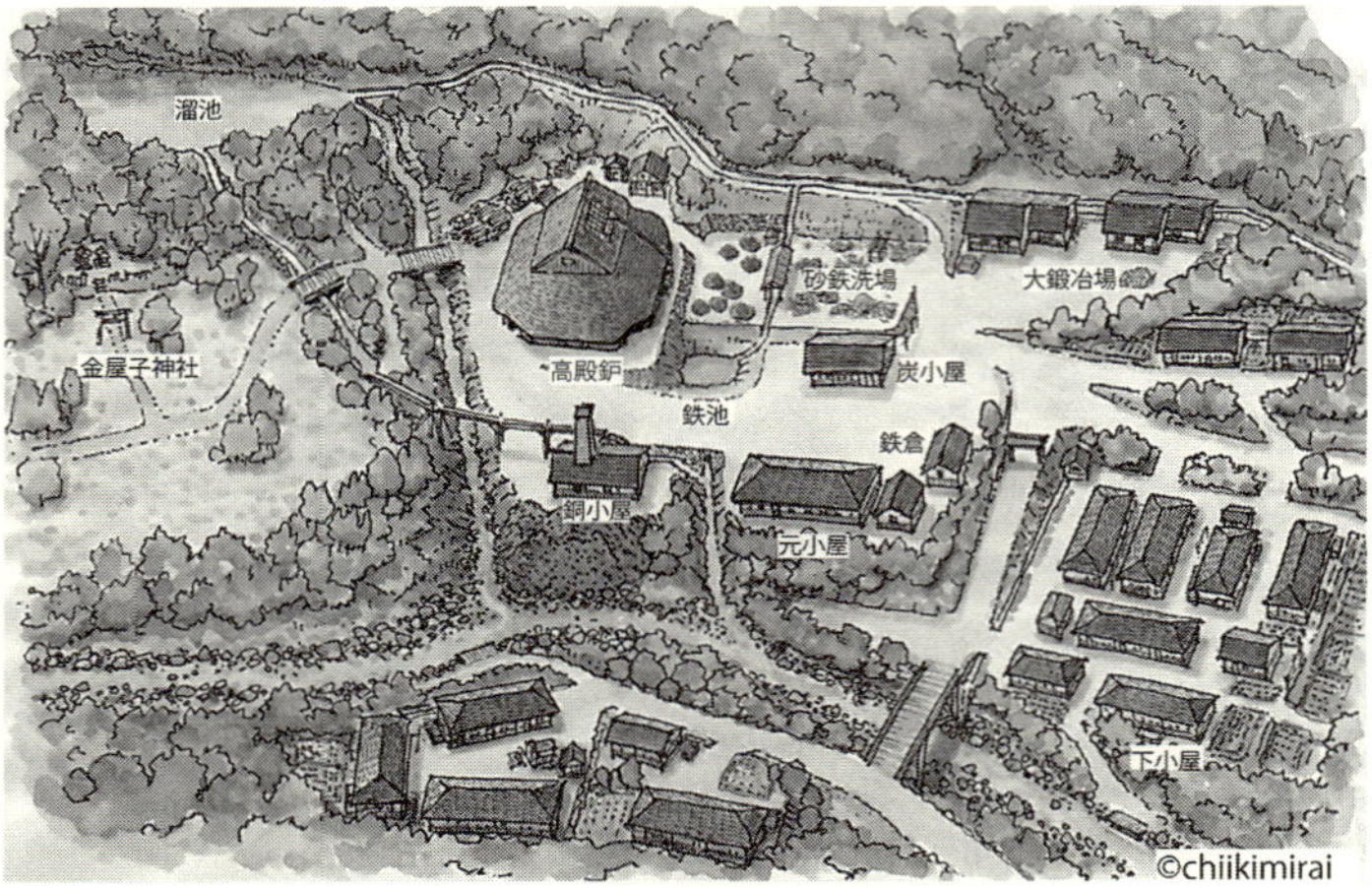

図24　山内想像図（都合山鈩）

鈩と大鍛冶場からみると、高殿鈩単独のたたら山内、大鍛冶場単独の大鍛冶山内、高殿鈩に大鍛冶場を併設するたたら大鍛冶山内がある。

たたら山内は、田部家が経営した菅谷《すがや》鈩が典型的である。開設時期は、天和元年（一六八一）とされ、宝暦元年（一七五一）～安永六年（一七七七）、寛政四年（一七九二）～大正一〇年（一九二一）の操業が確認できる。東西二二〇《メートル》・南北一四〇《メートル》の範囲に、高殿鈩・元小屋・米倉・金屋子祠・長屋などが現存し、重要有形民俗文化財の指定を受ける。山内図によれば、内洗場・銅折場・大炭小屋・銑蔵などもあった。山内の西側に高殿鈩などの生産施設、東側に長屋などの居住施設がまとめて配置される。

たたら山内の代表的なものとしては、絲原《いとはら》家が本宅を置いて拠点とした鉄穴《かんな》鈩、俵國一の調査記録がある砥波《となみ》鈩などがある。

大鍛冶山内は、田儀櫻井家が経営拠点とした島根県出雲市多伎町宮本鍛冶屋にその姿がうかがえる。操業は、元禄七年（一六九四）～明治一五年（一八八二）まで確認できる。山内は、南北一〇〇メートル・東西四〇〇メートルに及び、田儀櫻井家本宅を中心に大鍛冶場・金屋子神社・菩提寺である智光院・墓地・集落が営まれた平坦面がある。本宅には、勘定場・鉄庫も配置され、元小屋としての機能も備える。宮本鍛冶屋のほか、櫻井家の内谷鍛冶屋、田部家の吉田町鍛冶屋も本宅に隣接するものである。

大鍛冶山内は、経営者の本宅に伴うものではなくても、たたら山内に匹敵する規模をもっていた。島根県奥出雲町小峠鍛冶屋は、大鍛冶場を中心として本屋（元小屋）・土蔵・納屋・長屋一〇棟で構成される。雲南市掛合《かけや》町瀧谷鍛冶屋も大鍛冶場のほか本小屋・銑小屋・土蔵・小炭小屋・長屋九棟があった。

たたら大鍛冶山内は、近藤家が経営した鳥取県日野町都合山《つごうやま》鈩が典型的である。明治二二年（一八八九）～三一年まで稼働し、南北二〇〇メートル・東西一〇〇メートルの規模をもつ。高殿鈩・大鍛冶場二ヵ所・砂鉄洗場・銅小屋・鉄池のほか、集落・道・木戸・橋・溜池などの施設跡も良好な状態で残る。生産施設は、高殿鈩の周辺にまとめられ、生産工程を配慮した配置がとられる。

たたらに大鍛冶場が併設された山内としては、『先大津阿川村山砂鉄洗取之図』に描かれた山口県阿武町白須《しらす》鈩などがある。

砂鉄洗場（内洗場）　鉄穴場から搬入された砂鉄を山内で精選する施設である。鉄穴場の仕上げ小鉄は、時期や地域にもよるが、砂鉄含有率二〇～五〇％程度のものまで山内に持ち込まれていた。これを山内に設けられた砂鉄洗場で含有率八〇～八五％まで上げる必要があったのである。

『先大津阿川村山砂鉄洗取之図』には、「砂鉄掛取場」として描かれる。石垣で囲われ竹棚が設けられ、その上に竿秤で叺《かます》に入った砂鉄の重さを計る人物がいる。高殿の脇には洗船で砂鉄を洗う人物と、精洗後の砂鉄がみえ「砂鉄内清メ」とある（図25）。

砂鉄洗場は、高殿鈩に砂鉄を搬入しやいよう高殿近くに配置される。その基本構造は、平面形が長方形をした区画の中に、砂鉄を流水で比重選鉱する木製の洗船を設置する。砥波鈩の砂鉄洗場は、長さ一一メートル・幅九メートルで、中程に洗船が置かれ、その下手側にも斜め方

図25　砂鉄洗場（東京大学工学・情報理工学図書館工３号館図書室提供）

向に向けられた洗船があった。洗場中程の洗船を挟んで一方の区画には、竹棚が設けられ側面の高いところから砂鉄を落し、各鉄穴より持ち込まれた砂鉄を分類して置き、もう一方には精洗した砂鉄を上げた。洗船は地域によって規模・形状に違いがあるが、砥波鈩のそれは細長く、長さ七・二四メートル・最大幅七六センチ・深さ三五センチであった（図26左）。作業は、砥波鈩の洗場では三〇分ごとに一回二八一キロの砂鉄を一六九キロまで洗い、砂鉄含有率八〇%、島根県江津市価《あたい》谷《だに》鈩の洗場では一回一トンの砂鉄を一時間の工程で七八七キロまで洗い、砂鉄含有率は六〇～八〇%であったという。

発掘調査例では、山口県萩市大板山鈩・

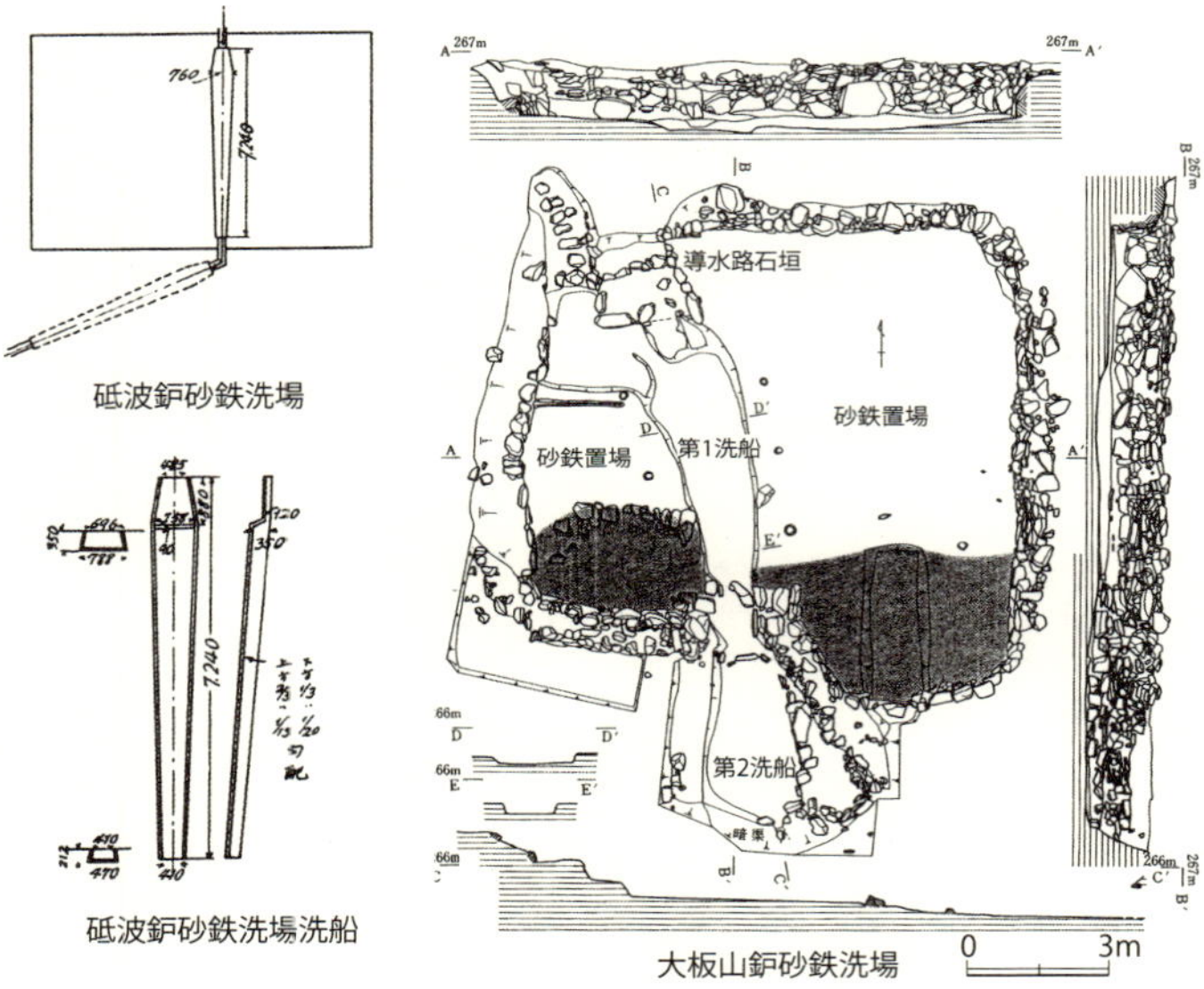

図26　砂鉄洗場（内洗場）の構造

岡山県新見市大成山《おおなるやま》鈩などの構造がよくわかる。大板山鈩の洗場は、長さ一〇メートル・幅六・四〜九・七メートルほどの石垣で囲まれた方形区画の中に洗船二基がある。第一洗船の上手には導水路石垣があり、第二洗船は排水暗渠へと繋がる。第一洗船の周囲には柱穴が確認されており、覆屋があった（図26右）。大成山鈩の洗場は、長さ一六メートル・幅一四メートルほどの区画の中で洗船二基・脇溝・導水路石垣が確認された。洗船は長さ七・二メートル・最大幅一・六八メートル・深さ三〇センチで、床面にはマツ材が敷かれていた。導水

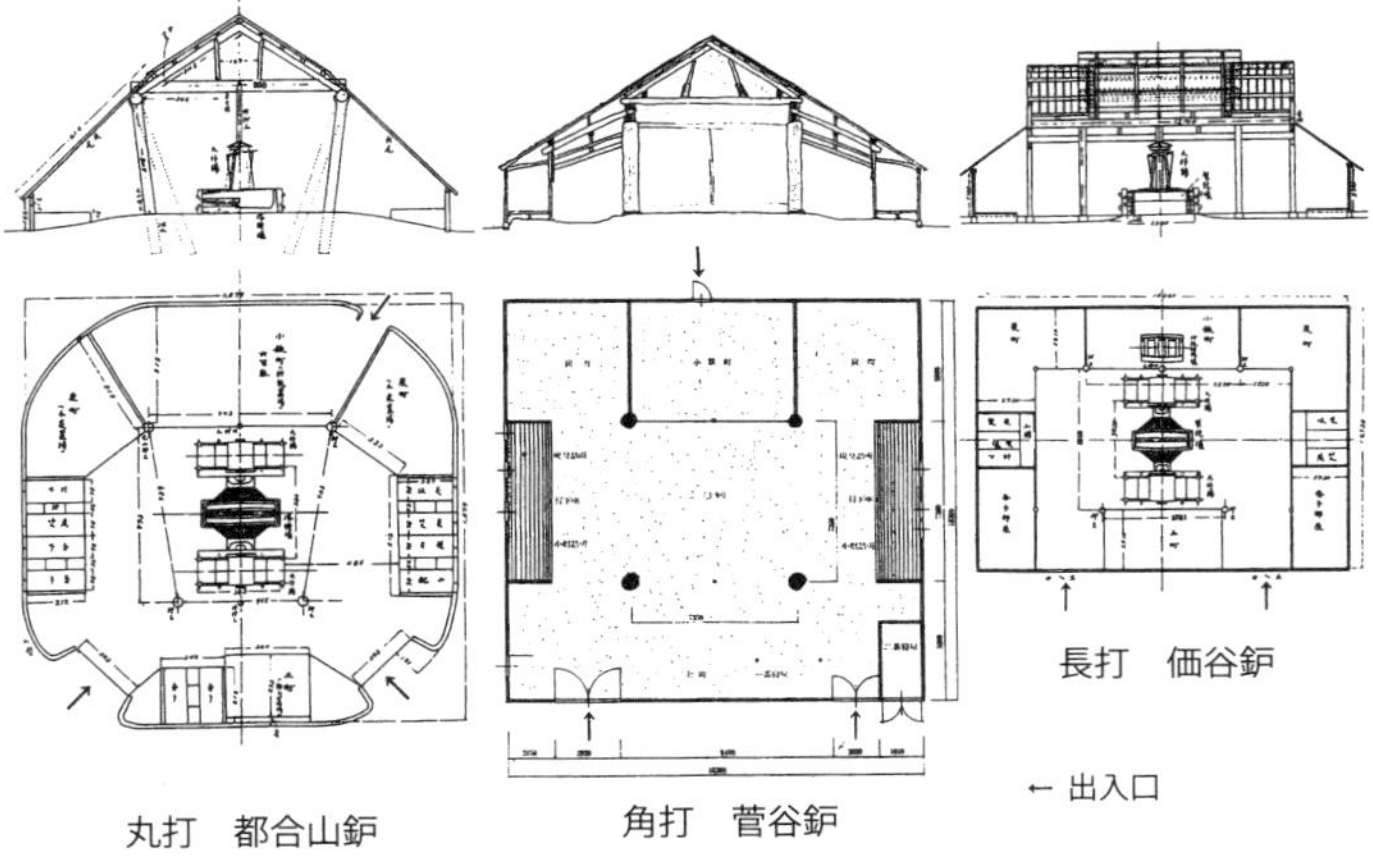

図27　高殿の構造

路石垣は、洗船の上手側にあり、導水路石垣から洗船の横を巡る位置には脇溝が設けられ、洗船への水量調節が行われた。

高殿鈩

高殿は、唯一現存する菅谷鈩がよく知られている。屋根は、高さ八《メートル》で、クリ板を葺く柿《こけら》葺きである。棟の中央に操業時に煙や熱気を排出するための開口部（火宇打《ほうち》）があり、往時は防火用水を入れた樽や、作業用の梯子が設置されていた。平面形は正方形で、一辺一八・三《メートル》、屋根の妻側に二つの出入口がつく妻入りの構造である。

高殿の形態には、菅谷鈩のように平面形が正方形で角打《かくうち》と呼ばれるもののほか、隅丸方形の丸打《まるうち》、長方形の長打《ながうち》があった（図27）。

都合山鈩は、隅丸方形の丸打で、一辺一八・八《メートル》・高さ九・四《メートル》である。屋根は松板葺きで、出入口は妻側の両隅につく妻入りであった。価谷鈩は、長方形の角打で、長さ一六・四《メートル》・幅一二・八《メートル》・高さ七《メートル》である。屋根は瓦葺きで、出入口は平入りである。角打と丸打は妻入り、屋根は柿葺または松板葺で、平面形には違いがあるが構造上の共通性がある。長打はこれらとは異なり平入りで、瓦葺と違いがあった。

高殿は、伯耆・備中・美作では丸打しか知られていない。これに対し、石見・出雲・備後では各種の高殿が展開する。石見は、丸打と長打がみられ、特に江津市から大田市の沿岸部では瓦葺で礎石建物の構造をもつ長打が特徴的である。屋根には、一九世紀以降、盛んに生産された石州瓦が使われる。出雲は、仁多郡では丸打が主体を占めるのに対し、出雲市から飯石郡にかけては丸打・角打・長打がみられる。備後は、丸打と角打が混在するようである。

高殿の内部には、製鉄炉と天秤鞴《ふいご》を中心に、小鉄町《こがねまち》（砂鉄置場）・炭町《すみまち》（木炭置場）・土町《つちまち》（粘土置場）と、職人が休息に使う村下座《むらげざ》などがあった。その配置は、高殿の形態に関係なく共通性があり、出入口から入ると正面に小鉄町、その両側に炭町、出入口側には土町が置かれる。職人の休息場所は、製錬作業の状況を確認しやすいように製鉄炉の両短辺側の二ヵ所にあった。こうした施設の配置は、『鉄山必用記事』所載の丸打高殿、『金屋子《かなやご》縁記抄《えんぎしょう》』の長打高殿でも同様であり、一八世紀後葉〜一九世紀前葉には確立されていたようだ。

製　鉄　炉

砂鉄を製錬する製鉄炉は、釜と呼ばれた。炉は、操業のたびに壊し、炉底に生じる鉧《けら》を取り出すため、そのまま残るものはないが、記録によれば天秤鞴を送風施設とする製鉄炉は、内法で長さ二四〇〜三〇〇センチ・幅六〇〜九〇センチ・高さ一〇センチ前後であった。明治時代に入り、水車鞴や水力送風機の一種であるトロンプが使われるようになると、幅一〇〇センチ・高さ一六〇センチを超えるものも現れており、その大きさは鞴の送風能力に左右されたようだ。炉の長辺下部に設けられる送風孔の数は、片側一六〜二四個で、両側では三二〜四八個程度ある。

製鉄炉は、基底部より元釜《もとがま》・中釜《なかがま》・上釜《うわがま》よりなる。特に、炉の基底部であり、送風孔が設けられる元釜の造り方は「一家相伝にして秘密を守り村下一人之を司るもの」とされた。元釜は、高さが五〇センチほどで底面が厚く、横断面が三角形状になるよう築かれた。両短辺には銑鉄や鉄滓《てつさい》（スラグ・鉱滓）を流し出すための湯口が三つずつ、両長辺には送風孔が中心から扇形になるように設けられる。元釜に使われる釜土（粘土）は、鉄と鉄滓の分離

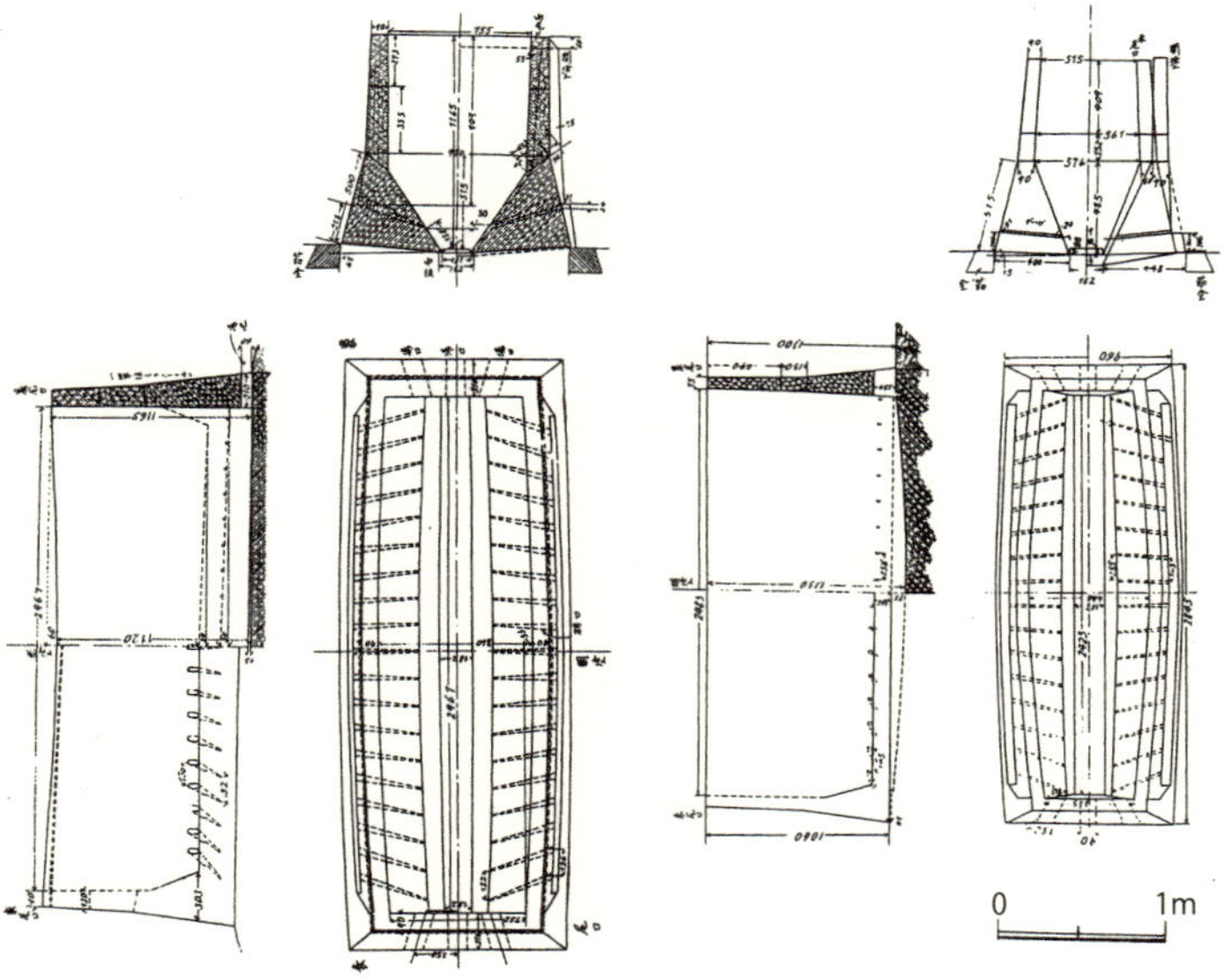

砥波鈩　　価谷鈩

図28　製鉄炉の構造

を促す働きをもち、一二〇〇〜一四〇〇度まで上昇する炉内温度でも熔損しにくいだけの耐火度が求められたため厳選された。元釜の上には中釜を造り、その内外で割木を燃やして一旦乾燥させた後、上釜を積み上げて炉が完成する。上釜づくりは、操業開始前の朝の仕事であった。

たたらの操業法は、炉内に鉧を成長させ鋼ができる鉧押《けらおし》と、銑の抽出を主体とする銑押《ずくおし》に大きく分けられるが、製鉄炉の構造は両者で違いがあった（図28）。鉧押の砥波鈩では送風孔の位置が基部から二一センチと高く、傾斜角度は二六度で深い。鉧が大きくなり炉壁が浸食されても送風孔が塞がらず、操業が続けられるようにする工夫である。炉底に熱が集中し、送風孔の前に鉧が成長する構造ともいえる。一方、銑押の価谷鈩では送風孔の位置が一〇・六センチと低く、傾斜角度は一〇度で浅い。これは厚い鉧ができず、送風孔が塞がる心配がなかったためである。また、銑押では炉内温度を高く保つ必要があることから炉幅が狭く造られたとされている。送風孔の角度を浅くし、炉幅を狭くするのは、炉全体の温度を上昇させる工夫である。これは、砂鉄の還元性を高めて鉄とスラグの分離を促し、還元された鉄が木炭との接触などにより吸炭して銑鉄が効率的に生成することを意図したものであろう。

製鉄炉の地下構造

高殿鈩には、製鉄炉の地下に防湿・保温施設として大規模な床釣《とこつ》り（地下構造）がある。これは、高温になる製錬作業に伴って、地中から上がる湿気により製鉄炉の温度低下を招かないようにする工夫である。たたら操業が、「一床《とこ》、二土、三村下《むらげ》」の良し悪しで決まるとされるのはそのためで、「床」すなわち床釣りは「土」（製鉄炉の粘土）や「村下」（技師長）の技術より操業の成否を左右する要素であった。また、床釣りの構築法は、その重要性から村下の秘伝ともいわれる。

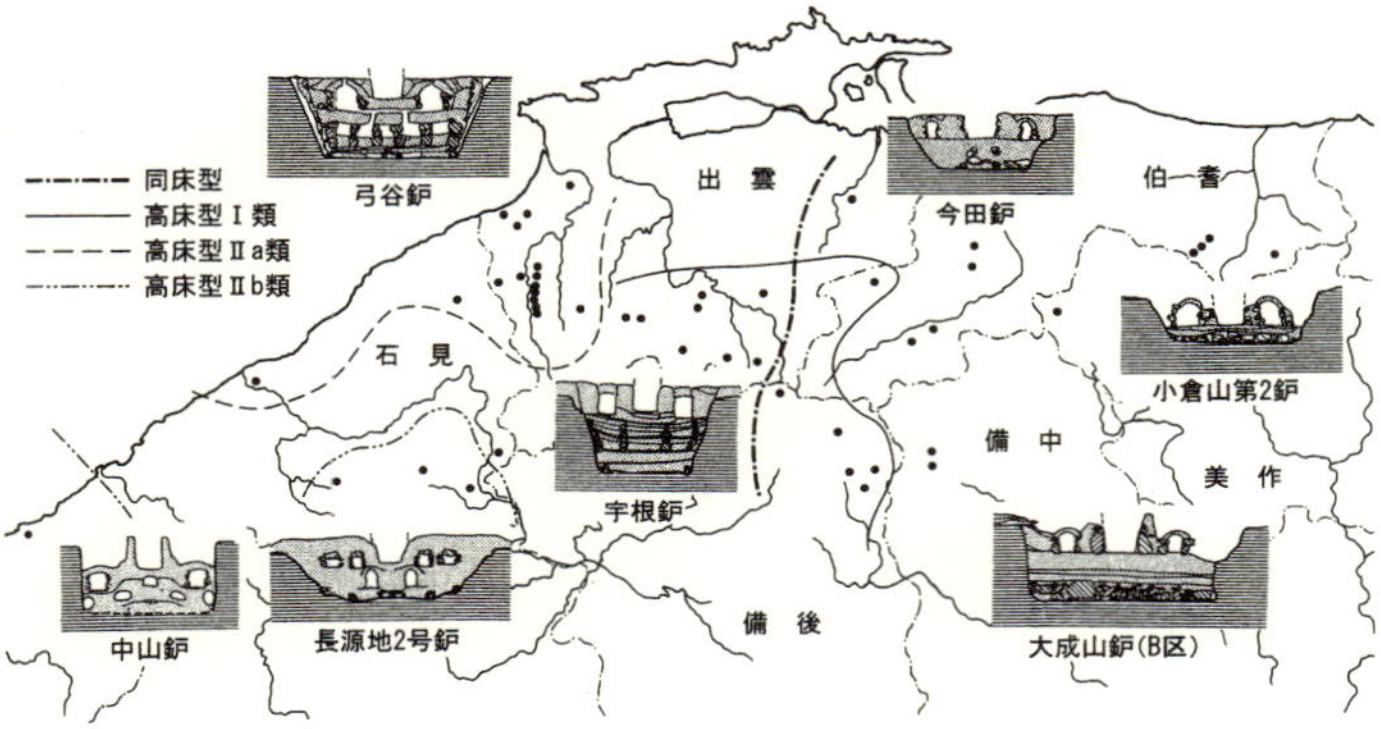

図29　高殿鉧床釣りの地域性

床釣りは、本床《ほんどこ》・小舟《こぶね》より上の上床釣《うわとこつ》りと、それより下の下床釣りに分けられる。その特色は、基本的には本床と小舟の位置関係に端的に表れており、同床型《どうとこ》・高床型《たかとこ》Ⅰ類・高床型Ⅱ類の三つに分けられる。同床型は、本床と小舟の底面が同じ高さのものである。高床型Ⅰ類は、本床を小舟底面より高く構築するが、その底面が小舟の甲（天井）の高さより低い。高床型Ⅱ類は、本床底面が小舟の甲と同じか、それより高いもので、前者をⅡa類、後者をⅡb類に細分する。一八世紀には、前述したように下床釣りの整備などにより大形化が進み、床釣りは地域ごとに多様な展開を見せた（図29）。

同床型は、伯耆・備中・美作を中心に分布する。下床釣りは、掘形の底面に坊主石《ぼうずいし》を一面に敷き詰め、その上に焼土など充填して上床釣りを設ける。備

図30　大成山鈩の床釣り（岡山県古代吉備文化財センター提供）

中・美作で鈩が発掘調査された地域は、伯耆西部の日野郡に隣接するが、その様相は類似する点が多い。このうち、備中の大成山鈩（B区）は、床釣りの基本構造だけでなく、本床の焚口に門柱状の立石を配することなど、細部の特色まで伯耆の都合山《つごうやま》鈩などと同様である（図30）。大成山鈩は、嘉永六年（一八五三）～明治八年（一八七五）頃まで伯耆日野郡阿毘縁《あびれ》村（鳥取県日南町）の木下昌平が経営したことが知られる。美作の岡山県真庭郡新庄村神庭谷《かんばだに》鈩も、床釣りの構造が伯耆のそれと類似するが、文政年間（一八一八～三一）の初めから伯耆大山領の吉川勇内・俊吾父子が操業したという。また、日野郡で最も有力な経営者であった近藤家は、一九世紀中頃以降、美作の真島郡・大庭郡（岡山県真庭市）を中心に、備中の阿賀郡（岡山県新見市など）でも数多くの鉐を操業している。伯耆と備中・美作における床釣りの類似性は、伯耆日野郡のたたら経営者が備中・美作へ進出し、鉐の建設や操業にも同郡の技術者が関与したことなどを背景としたものであろう。

高床型Ⅰ類は、出雲仁多郡から飯石《いいし》郡東部（島根県雲南市吉田町地域）に広がる。下床釣りは、クロボク土と鉄滓を互層状に充塡し、奥出雲町宇根鉐はこの中に埋め込む坊主石を五〜六段にわたって柱状に積み上げる。掘形の底面には、溝を廻らして石蓋を架けた伏《ふせ》樋《ひ》や、これから地上へと立ち上がり湿気を抜く機能をもつ息抜穴《いきぬきあな》をもつものである。

備後では、同床型と高床型Ⅰ類が分布する。高床型Ⅰ類は、広島県庄原市東城町持丸川西鉐・湯谷《ゆだに》鉐などのように伏樋・息抜穴・坊主石を備えた床釣りをもつ。出雲仁多郡に類似するが、厚い鉄滓層を設ける点に特色がうかがえる。同床型は、庄原市東城町保光《やすみつ》鉐などで確認されている。下床釣りに伏樋・息抜穴をもち、坊主石も一段ではなく、二〜三段になっており、同じ同床型でも伯耆や備中・美作のものとは床釣りの構造が異なる。備後には、宝暦・天明期（一八世紀後半）頃から出雲・伯耆・備中のたたら経営者が入っていることが知られ、在地の技術と融合して独自の展開を遂げたようだ。

図31　弓谷鈩の床釣り（飯南町教育委員会提供）

高床型Ⅱa類は、出雲の飯石郡西部（島根県飯南町）・神門《かんど》郡南西部（出雲市佐田町・多伎町）のほか、石見の那賀郡東部（島根県江津市）にも広がる。島根県飯南町弓谷《ゆんだに》鈩は、下床釣りに伏樋・息抜穴を備え、上部に「かわら」と呼ばれる整地面と坊主石を交互に二〜四段に積んでおり、坊主石の間は焼き抜かれて空洞となる。また、本床より低い位置にある両小舟の間は火渡しにより連結され、小舟かわらと下床釣りの間は火落し穴により繋がっている（図31）。こうした構造は、石見の江《ごう》の川下流域の鈩を記した『金屋子縁記抄』の記述に通じるところがある。

高床Ⅱb類は、石見の邑智郡南部に分布

する。本床底面を小舟の天井よりも高くするもののみが分布し、本床と並ぶ位置に脇小舟を設けた地下構造が確認されるなど、特徴的な床釣りが展開する。脇小舟の数は、島根県邑南町長源地二号鈩では四本、鈩床《たたらどこ》鈩では二本と違いがあり、小舟甲には粘土だけでなく石を用いる点にも共通性がある。石見の那賀郡西部、島根県浜田市三隅町中山鈩は本床・小舟以外に下小舟をもつが、下小舟は本床より低い位置に五本あると推定され、邑智郡とは異なる。

高殿鈩の作業と生産内容

製錬作業は、村下《むらげ》・炭坂《すみさか》・炭焚《すみたき》・番子らで行われた。『先大津阿川村山砂鉄洗取之図』のうち、「銕《てつ》ヲフク図」には高殿鈩における製錬の様子が詳細に描かれている（図32）。中央に製鉄炉、両側には天秤鞴があり、その奥には小鉄町をはさんで左右に炭町が配置される。作業を指揮する村下は、種鋤《たねすき》という木製の道具で砂鉄を炉内に入れるところだ。炭坂は、村下の補佐役である。炭を入れるタイミングを見計らっているのは炭焚、天秤鞴を踏むのは番子だ。番子は、一台に三人二台合わせて六人が必要で、一人が一時間ほど鞴を踏み、交代しながら操業期間中は絶え間なく炉内へ風を送り続けた。製鉄炉の短辺基部には、湯槍と呼ばれる道具で湯口（湯池《ゆじ》）が開けられ、ちょうど銑鉄が抽出されたところだ。銑鉄は、火花を散らしながら円形をし

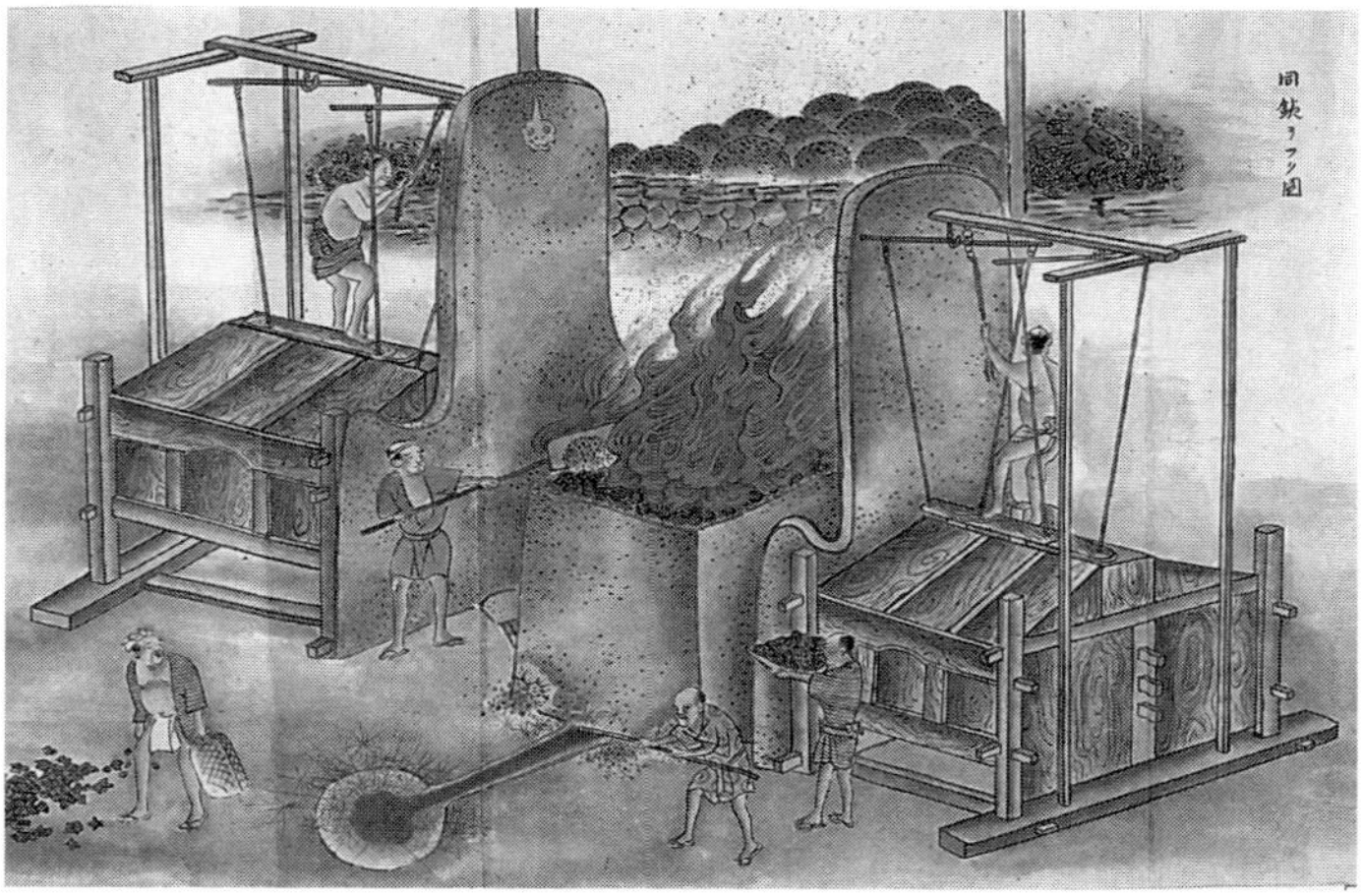

図32　高殿鈩の作業（東京大学工学・情報理工学図書館工３号館図書室提供）

た窪み（湯溜り）へ流れ込んでいる。

たたら製鉄の操業法には、鉧押と銑押がある。これらは、たたらの成立当初からあったように思われがちだが、鉧押の登場は銑押よりも新しいようだ。絲原家の史料によれば、享和元年（一八〇一）までは四昼夜操業の四日押による銑鉄生産、すなわち銑押が主体であり、それ以前には三日押いわゆる鉧押は行われていないのだ。

鉧押は、砥波鈩の場合、明治三〇年（一八九七）頃の平均で、砂鉄一二・八トン・木炭一三・五トンを原料として三・七トンの鉄が生産された。その内訳は鋼一・一トン（三〇・三％）、鉧一トン（二七・三％）、銑一・六トン（四二・四％）であった。都合山鈩では、明治

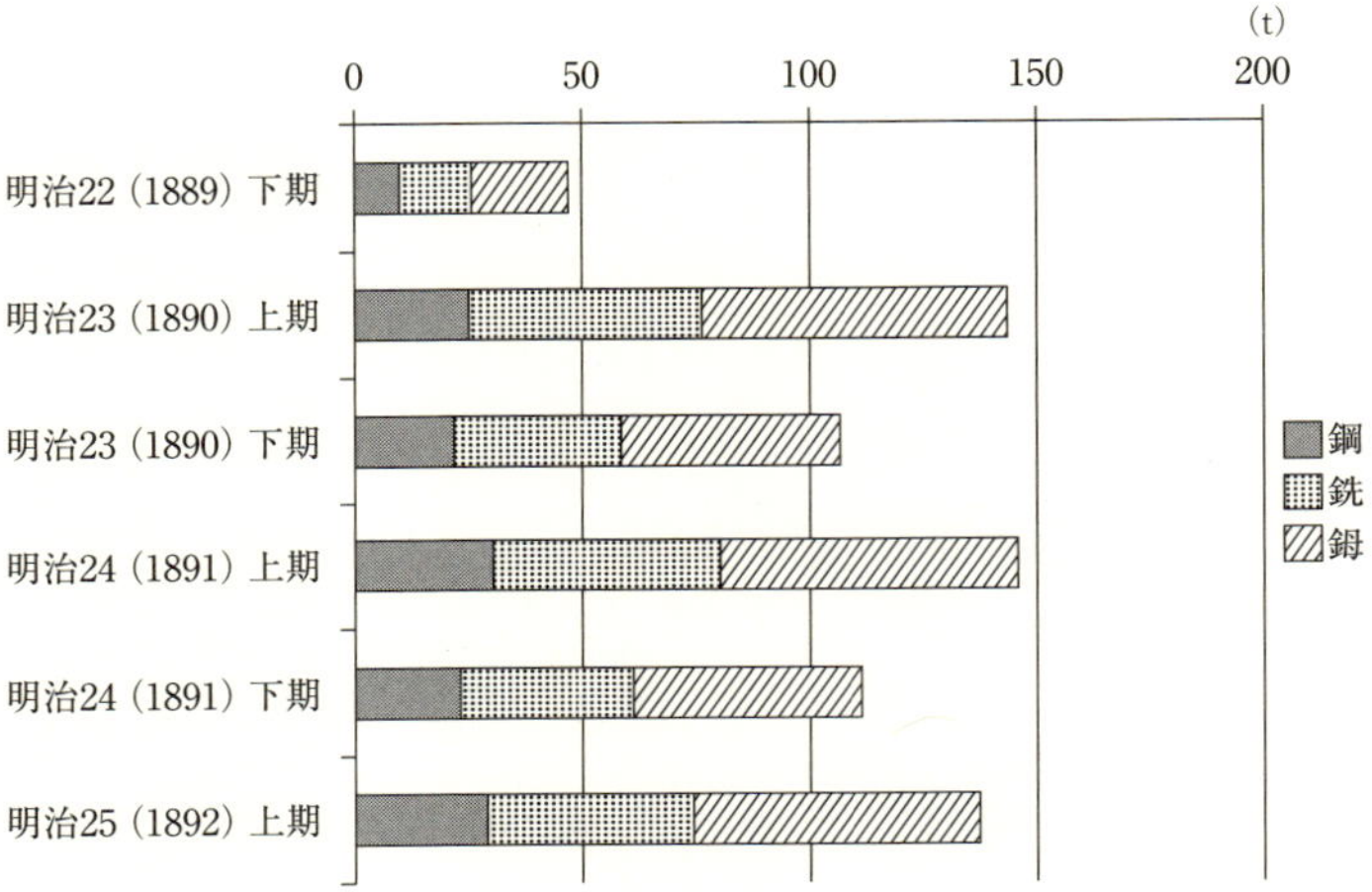

図33　都合山鈩の生産高　明治22（1889）〜明治25（1892）年

二二〜二五年には、一回の操業あたり三・八〜四・四トンの生産量があり、割合は鋼一八〜二一%・鉧三三〜三五%・銑四五〜四七%とほぼ一定する（図33）。両者を比較すると、砥波鈩は鉧に対し鋼の割合が高いが、鉧と銑が七〜八割を占める点は同じである。また、絲原家では文政一三年（一八三〇）以降、操業一回の平均が銑五割・鋼二割・鉧三割前後で推移しており、砥波鈩・都合山鈩の生産内容と変わらない。地理的に離れ、経営者も異なる鈩で同様な傾向がみられるのは、鉧押の操業ではこうした生産内容が一般的であったことを示している。

一方、銑押は、価谷鈩では明治三一年頃

で砂鉄一六・四トン・木炭一六・九トンを原料とし四・八トンあまりの鉄が生産され、その内訳は銑四・五トン（九三％）・鉧〇・三トン（七％）であった。また、宝暦四年（一七五四）の備後藩営の鈩では銑九二・三％・鉧七・七％、明和・寛政期（一八世紀後半）の安芸加計村佐々木家（広島県安芸太田町加計家）では銑九二・四％・鉧七・六％と記録されている。明治時代中期の価谷鈩と江戸時代中期の安芸・備後の銑押では、目的とする銑鉄が九割以上できていたのだ。

銑鉄は、製鉄炉の基部にある湯口より抽出された。価谷鈩では、径一メートルほどの湯溜りに流し込み、銑が冷え固まった後、鎚《つち》で砕いて取り出した。島根県江津市恵口《えぐち》鈩では、舟形をした湯溜りが複数並び、銑をこれに流し込んで採取した。

大鍛冶場の機能と作業

高殿鈩で生産された鉄は、鉧押でも鋼は多くて三割ほどで銑と鉧が七〜八割を占めており、銑押ではそのほとんどが銑と鉧であった。銑は、鋳物用としてそのまま使われるものを除けば、鉧とともに大鍛冶場に送られ、鉄製品の地金となる延べ板状の鉄素材（錬鉄）に加工される。錬鉄は、江戸時代には割鉄《わりてつ》、明治時代中期以降は庖丁鉄《ほうちょうてつ》と呼ばれた。大鍛冶場を併設した都合山鈩の製品には、大鍛冶で作られる鉄（庖丁鉄）・地物（庖丁鉄の一種）と、鈩で作られる鋼・銑・鉧がある。そ

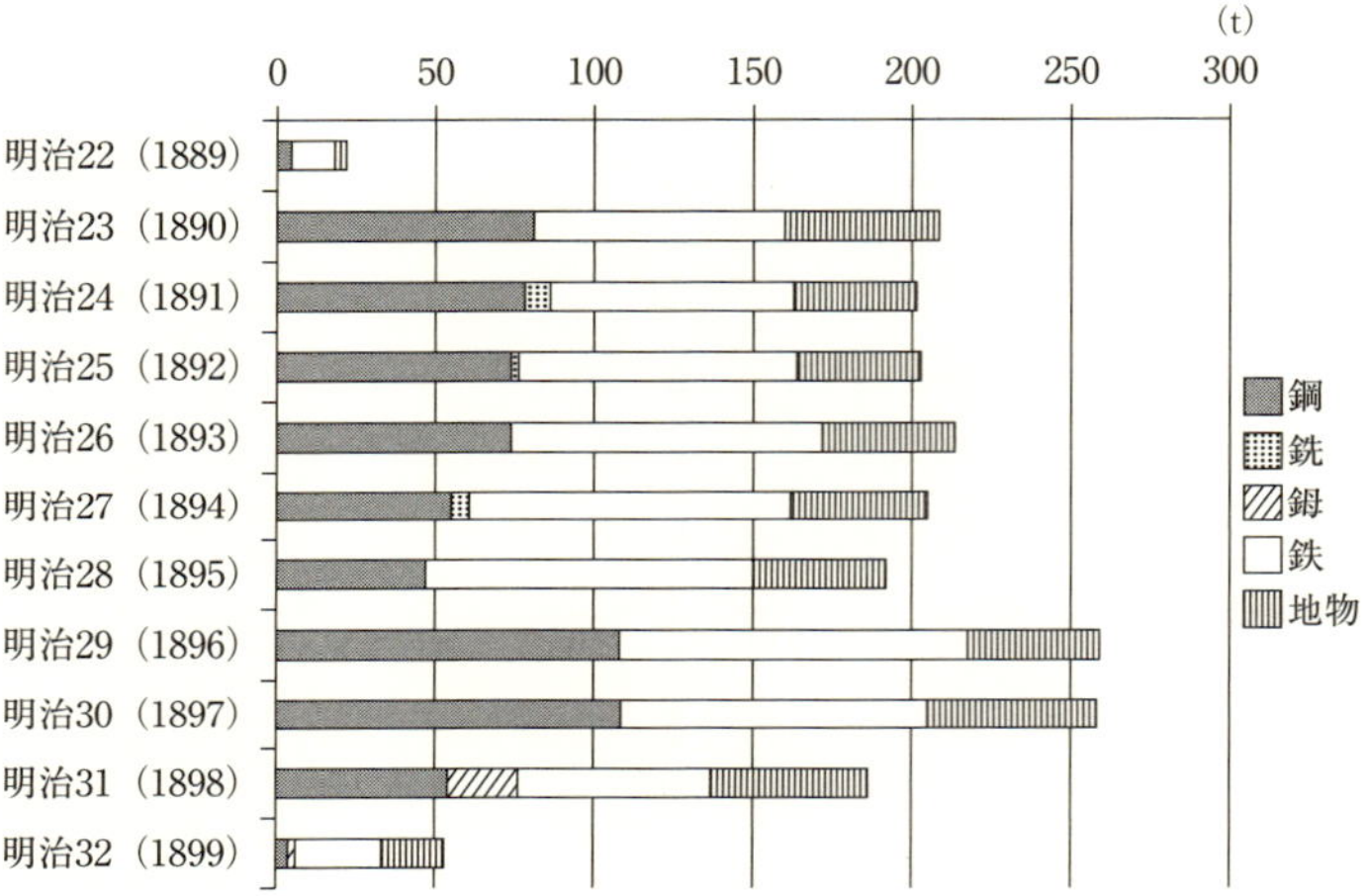

図34　都合山鈩の鉄類生産高　明治22（1889）〜明治32（1899）年

の内訳は年によって変動はあるが、鉄・地物が六〜七割、鋼が三〜四割で推移しており、鉧押の都合山鈩でも主製品は庖丁鉄であった（図34）。

大鍛冶場の主要な施設は、下《さ》げ場、本場《ほんば》と呼ばれる二つの鍛冶炉と金敷である（図36左）。作業は、職長で本場の作業を担当する大工《だいく》をはじめとして、下げ場を受け持つ左下《さげ》、鞴を押す吹差《ふきさし》、鉄を鍛錬する手子《てご》四人、雑用の小廻《こまわり》で行われた。『先大津阿川村山砂鉄洗取之図』の「大鍛冶屋ワリ銕《てつ》ヲ作ル図」は、本場を描いたもので、作業の様子がよくわかる。鍛冶炉は、炎の上がる部分で、背後には吹差鞴が配置される。その左には鞴を押す二人の吹差、右には小《こ》

図35　大鍛冶場の作業（東京大学工学・情報理工学図書館工３号館図書室提供）

炭《ずみ》置場、小炭を運ぶ小廻も見える。大工は、鉄鋏《かなはし》で割鉄をはさんで金敷の上に置き、周囲には順番に鉄鎚を振り下ろす四人の手子がいる（図35）。

都合山鈩の大鍛冶場は、俵國一の記録によれば、本場と下げ場の規模・構造はほぼ同じであったという。長さ一・五《メートル》・幅一・二《メートル》・深さ一・三《メートル》の掘形を粘土で埋め、その中央に長さ一・〇五《メートル》・幅〇・三《メートル》の火窪《ほど》が設けられた。周囲には建物や鞴を火や熱から守る保護壁がL字形に配置され、吹差鞴から羽口《はぐち》までは木呂竹を通して送風が行われた。保護壁の上部は煙出しで、高さは六・七《メートル》あった（図36右）。発掘

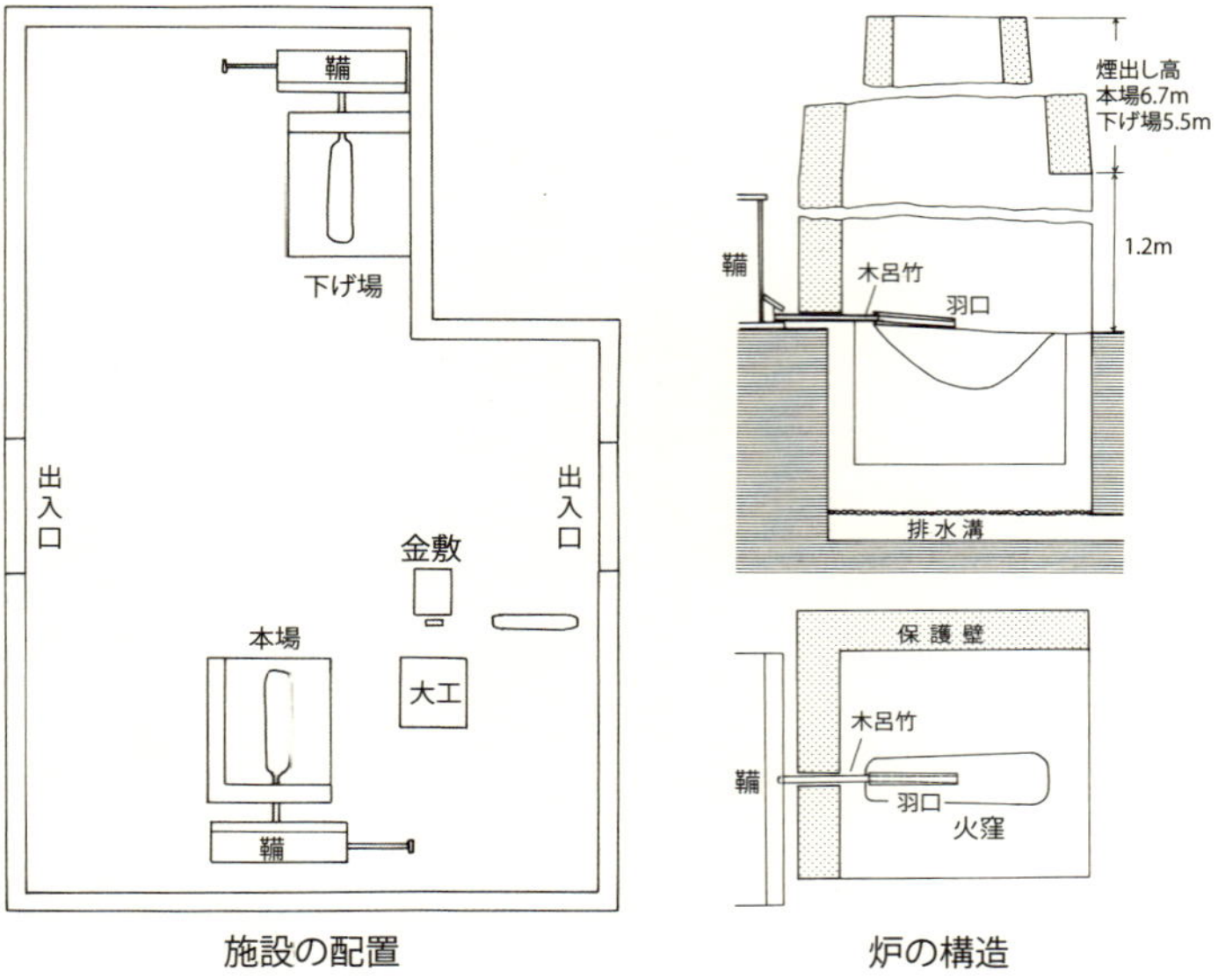

図36　都合山鈩大鍛冶場の構造

調査によって、保護壁は芯材として立石が使われ、スサを混和した粘土で造られていたことも明らかになっている（図37）。金敷は、本場に隣接する位置に置かれた。

たたらで生産された銑は、まず、炭素量を下げるために下げ場で加熱され、下《さ》げ鉄が作られた。銑鉄三一九キロからほぼ同量の三〇〇キロの下げ鉄を得ることができ、本場で扱う一日分の量を二時間あまりで処理したという。本場では、下げ鉄を一〇個に分けて一回三〇キロ程度を再度加熱・脱炭し、軟鉄である卸《おろ》し鉄にした。卸し鉄は、金

図37　都合山鈩２号大鍛冶場２号炉

敷の上でまず二つに胴切りした後、それぞれを二番切りして、計四本の「四つ放し」にされる。四つ放しは長さ三八・八センチ・幅一〇・五センチ・厚さ四・七センチ・重さ六・八五キロある。単純に計算すれば、卸し鉄は四つ放し四個分で、二七・四キロあったとみられる。四つ放しは、長さ六〇センチ・幅一一センチ・厚さ一センチほどに打ち延ばされ、さらに中央に割目を入れて分割され、庖丁鉄が二本できる。本場では一回一時間四〇分ほどの作業で三〇キロの下げ鉄から一八・八キロ、計八本の庖丁鉄が得られた（図38）。こうした作業が一〇回ほど繰り返されて一日に一八八キロ、計八〇本の庖丁鉄が作られたという。

明治時代に操業した都合山鈩の大鍛冶場

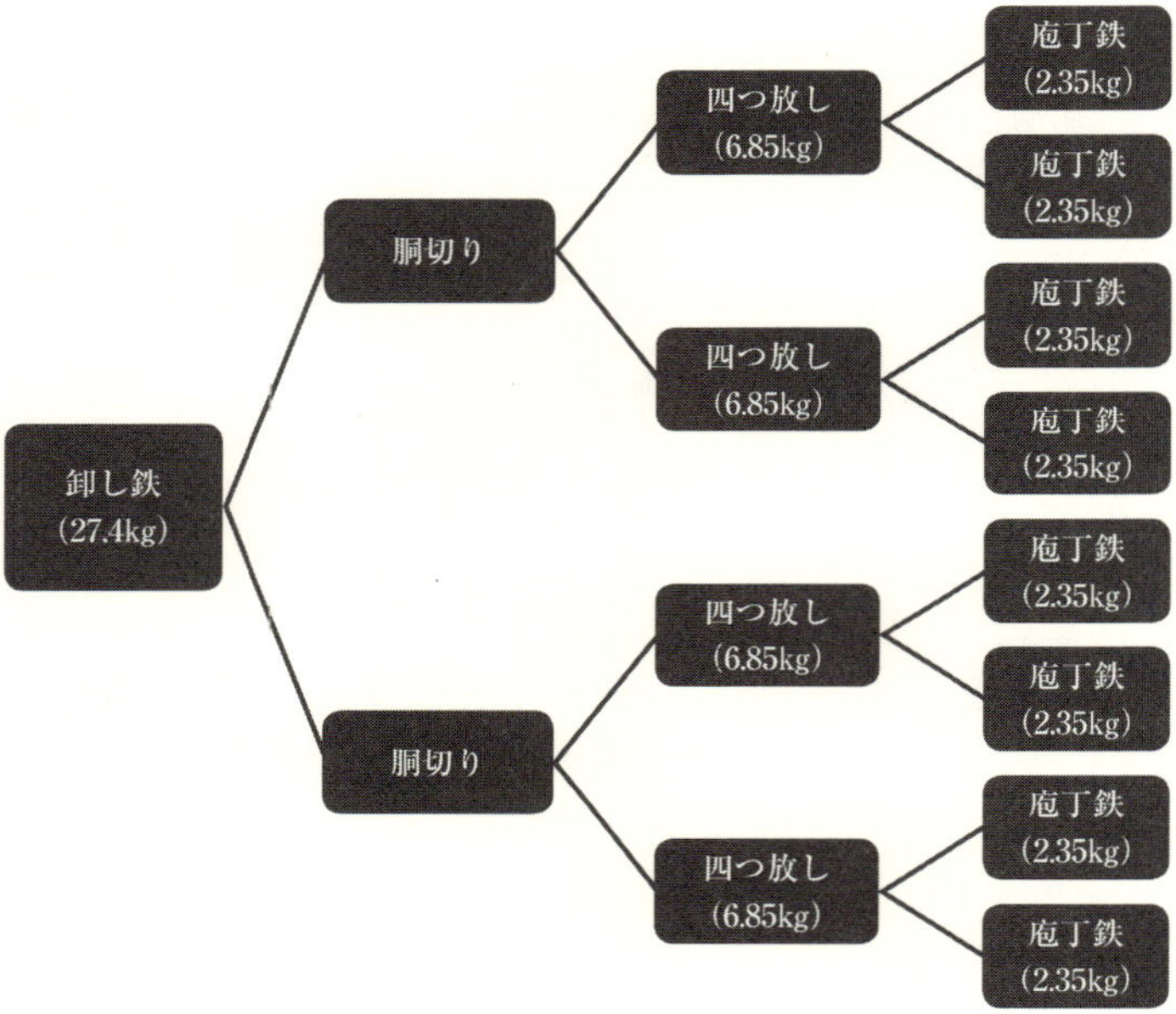

図38　錬鉄成形模式図

における作業は以上であるが、江戸時代の大鍛冶場では、下げ場作業は一日に一三八・七〜二二五キロの銑を処理して下げ鉄とし、五〜八回分の本場作業に回していた。このうち、史料に多く見えるのは地金二二五キロ、本場六回分の例である。地金から作られる下げ鉄の歩留は、『金屋子縁記抄』によれば、地鉄一八七・五キロから下げ鉄一二三・七五キロが得られており、六六%程度である。本場作業によりできる錬鉄の本数は史料によって異なるが、一日四〇本・四八本・

五六本・六四本と、いずれも八の倍数であり、卸し鉄から錬鉄八本を作る製作法がとられたことは明らかだ。地金からできる錬鉄の歩留りは、『石州鑪五ヵ所流鉄山仕法書聞書』によれば、地金二二五㌔に対し錬鉄一五〇㌔であったことなどが知られ、六七％程度に留まる。

明治時代の大鍛冶場は、下げ場作業で一日に地金一九八・八～三一九㌔を処理し、八～一〇回分の下げ鉄を本場作業に回した。江戸時代に比較すると地金の量、本場作業の回数とも相対的には増えているが、本場作業は、卸し鉄から錬鉄八本を作る江戸時代の技術を踏襲するものであった。官営広島鉱山における錬鉄の出来高は一日六四本、重さ一二九・二㌔で、地金から作られる錬鉄の歩留りは六四％である。都合山鈩大鍛冶場の出来高は一日八〇本、重さ一八八㌔で、地金の量や本場での作業回数分だけ増加するが、地金から作られる錬鉄の歩留りは五九％とむしろ低い。江戸時代以来の錬鉄製作法では、歩留りは同様に六割程度で変わりはなかった。都合山鈩大鍛冶場では、一日あたりの錬鉄生産量が増加しているが、これは生産性の向上ではなく、地金の量と本場作業の回数が増えたことによるものであった。

生産された様々な錬鉄

『鉄山必用記事』をはじめとした江戸時代の史料によれば、錬鉄には様々な大きさがあり、長割・小割・千割・大平割などと呼ばれた。さらに品質によって「小割大極上」・「極上小割」・「大平割大極上」などに細かく分け、それぞれ「梶一」・「梅一」・「菊一」などと名付けられて販売されていた。

長割・小割は、前述したように本場作業で卸し鉄から八本が作られる。四つ放しから短冊形の形状に打ち延ばし中軸線に割目を入れ、売買の際には割目から打ち放されて、その破断面（切り刃）を見て品質の良し悪しを判断したという。同じ長割・小割という名称でも、その大きさは一定ではなかった。広島藩御勘定所の古記録を集めた『学己集』によれば、長割は長さ二尺〜二尺四・五寸（七二〜七六センチ）である。伯耆の下原重仲が著した『鉄山必用記事』では小割は、長さ二尺二〜三寸（六七〜七〇センチ）、石見の石田春律《はるのり》による『金屋子縁記抄』では、長割は長さ二尺二寸（九七センチ）、小割は長さ一尺七寸〜二尺（五二〜六一センチ）とされる。広島県三次市西城川カケハシノ瀬採集品や田部家所蔵品など、長割・小割に該当する現存資料をみても、長さ五六〜七八センチ・幅三〜五・七センチと大きさに差がある。一回の本場作業で錬鉄八本を作るという製作法では共通するが、地域によって作られた錬鉄の規格は様々であったようだ（図39）。

図39　割鉄・包丁鉄

千割は、『鉄山必用記事』によれば、卸し鉄を二番切りして得られる四つの鉄（四つ放し）を角柱状に成形したものとされ、『学己集』では長さ一尺五・六寸（四五・五〜四八・五センチ）となっている。田部家所蔵の千割鉄は、長さ五三センチ・幅九センチ・厚さ二・一センチ・重さ六・五キロで、その大きさから四つ放しをそのまま打ち延ばしたものであることがわかる。全体が鍛打で成形されており、割目は入らない。

明治時代半ば以降、錬鉄は庖丁鉄と呼ばれた。江戸時代の長割・小割・千割に該当するものに加えて、長軸に対し直交する割目が入ったものが作られるようになる。明治三二年（一八九九）に島根県安来《やすぎ》市に設立された雲伯鉄鋼合資会社の錬鉄は、長さ四四〜五一センチ・幅五〜九センチ・厚さ二・五〜三センチ・重さ五・五〜八キロである。大きさから千割と同様に四つ放しを成形したものとみられ、これに長軸に直交する割目を鏨《たがね》で四〜七条ほど入れている。

金屋子神信仰と金屋子神社

金屋子神信仰

鉱山や金属の製錬・加工に関わる神を祭った神社は、全国にみられる。このうち、採鉱冶金に従事する人々を指す「金屋《かなや》」の名が付く金屋神が祭られたのは、東北・関東と中国・九州北部の東西二つの地域に限られるようだ。西の地域の中でも金屋神に「子」を付け、金屋子神として信仰したのは兵庫県宍粟《しそう》市から鳥取県・島根県・岡山県・広島県で、たたら製鉄が盛行した地域と重なっている。

「金屋子《かなやご》さん」と親しみを込めて呼ばれる金屋子神は、たたら・鍛冶屋で働く人々や経営者などから厚い信仰を集めてきた。『鉄山必用記事』に収められた「金屋子神祭文」によれば、金屋子神は播磨宍相《しそう》郡岩鍋（兵庫県宍粟市）に天降った後、白鷺に乗って出雲野義郡黒田之奥比田（島根県安来《やすぎ》市広瀬町西比田）に飛来し、桂の木に止まって休んでいた。そこに安部正重が通りがかり如何なる者かと問うたところ、「吾ハ金屋子ノ神ナリ、此所ニ住居シタテ踏鞴《たたら》ヲシタテ鉄吹ク術ヲ始ムヘシ」と宣った。そこで朝日長者が「火ノ高《たか》殿《どの》」を建てて炭と砂鉄を集め、「宮社」を造り安部正重を神主にしたとするものだ。この金屋子神降臨譚はよく知られているが、金屋子神の来歴については別伝があった。

出雲のたたら経営者田部家が創建した雲南市吉田町木ノ下金屋子神社の縁起『金屋子神略記』は、金山姫命が奥州信夫《しのぶ》（福島市）の山家に現れ黄金を吹き出し、次に吉備国中山細谷（岡山市）に鈩《たたら》を建てた後、雲州比田庄葛城の森に光を放って現れ、安部氏に製鉄技術を教えたと伝える。『金屋子神略記』には、田部家が木ノ下金屋子神社（島根県雲南市吉田町）を勧請した際、金屋子神社（島根県安来市広瀬町西比田）の縁起を書写して納めたとする記述がある。また、木ノ下金屋子神社の延宝九年（一六八一）の棟札は、田辺権之大夫が「金屋子神縁記」と「武良笥《むらげ》之大事」が金屋子神社にあることを聞き及び、神職安部氏より相伝して木ノ下金屋子神社に納めたとする。『金屋子神略記』と棟札の記述は一致しており、金屋子神社には『金屋子神略記』の原縁起が存在することが想定されていた。近年、金屋子神社の氏子宅で発見された『神社資料』は、現在では不明となっている同社の古い縁起や祭文などの写しをまとめたものである。これに収められた『金山姫宮縁記』は内容が前述の『金屋子神略記』と部分的に重なっており、原縁起の存在が裏付けられることとなった。

金屋子神の縁起類は、たたら製鉄が行われた各地に様々な形で残されている。『金屋子神秘録伝』（安政三年〈一八五六〉書写：島根県益田市匹見町）、『三国金山姫因縁』（万延元年〈一八六〇〉書写：岡山県新見市）、『金屋子神略縁起』（明治一一年〈一八七八〉：島根県邑南町）、『金屋子神由来記』（明治一六年書写：鳥取県日野町）などが知られるが、その原形となったのは『金山姫宮縁記』であった。『鉄山必用記事』の金屋子神降臨譚は、俵國一が明治四五年に公表したことで広く認知されるようになったが、それ以前にはあまり知られていなかったのである。

金屋子神信仰の起源については、不明といわざるをえないが、中世に遡ることをうかがわせる史料がある。安芸山県郡壬生《みぶ》村（広島県北広島町）の神職井上家に伝わる祭文は、天文一〇年（一五四二）の年紀をもち、「かないこ神」が登場する。史料の年代に問題がなければ、中世後期には「かないこ神」信仰はすでにあり、近世になってから金屋子神社を中心に広く流布したともいえそうだ。

図40　金屋子神社

金屋子神社

金屋子神降臨譚には、二つの系統があったわけであるが、ともに出雲能義郡比田に現れる点は共通する。その比田の地に建立された金屋子神社は、金山彦命・金山媛命を主祭神とし、各地に勧請された金屋子神社の本社である。

金屋子神社がいつ建設されたのかは定かでないが、棟札には「奉再建立　金屋子神社遷宮　慶安三　庚寅　暦八月廿二日思宿」と記されたものが残る。松江藩主であった松平直政をはじめ鉄奉行の名もみえ、藩の関与により遷宮が行われたことがわかる。慶安三年（一六五〇）に再建立されていることから、一七世紀前半には金屋子神社が存在したことは確かなようだ。現在の社殿

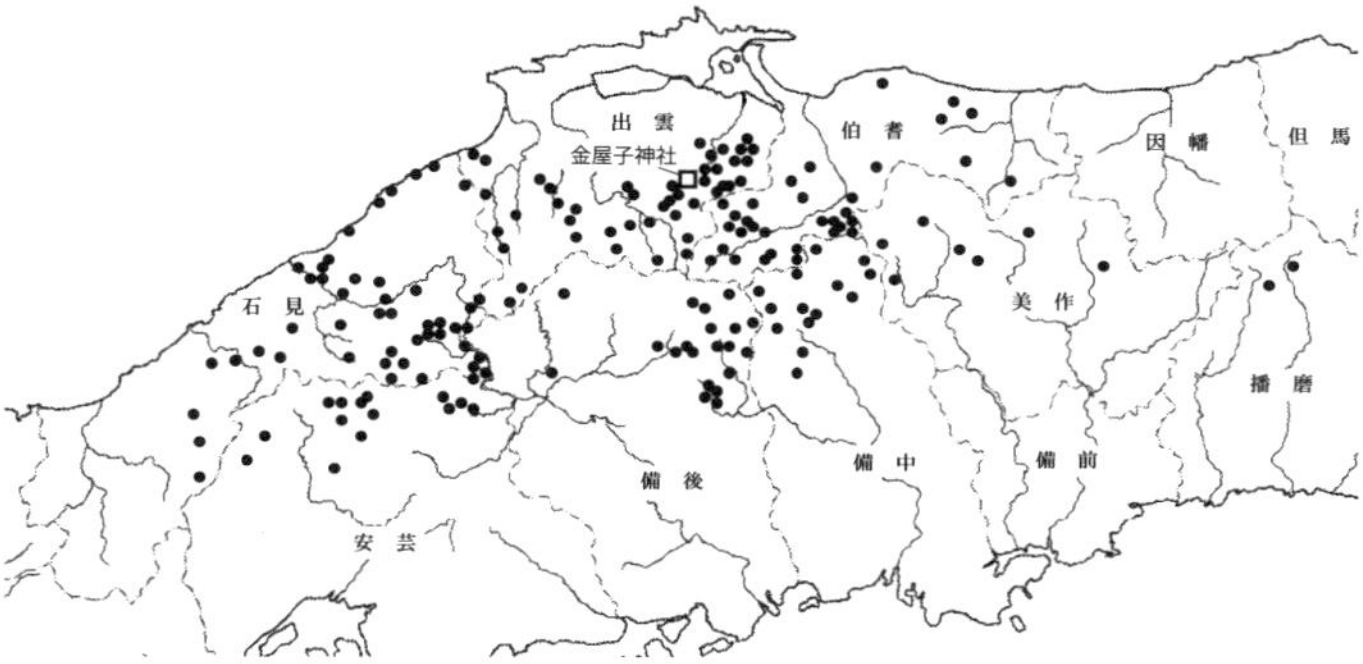

図41　寛政３年『勧進帳』記載の鈩・鍛冶屋

は、元治元年（一八六四）の再建で、島根県有形文化財に指定されている（図40）。

金屋子神に対する信仰は、遅くとも一七世紀後半にはある程度広がりをもっていたらしい。前述した田部家の木ノ下金屋子神社に寛文五年（一六六五）の棟札があるのは、そのことを示している。また、金屋子神社の信仰圏をうかがわせる史料としては、同社への寄付者名簿である『勧進帳』がある。寛政三年（一七九一）、文化四年（一八〇七）、文政二年（一八一九）の三冊が残っており、寄付者の職名・氏名と鈩・鍛冶屋の名称が記される。寛政三年の『勧進帳』は、同一〇年に完成した社殿に関するもので、二〇七ヵ所の記載がある（図41）。文化四年のそれは、同七年の籠殿建立と石段・石垣の整備のためのもので、二四七ヵ所から寄付が集められている。文政二年は、同八年の遷宮に関わり、五八ヵ所が記される。これらによれば、金屋子神社は、出雲をはじめとして、石見・伯耆・安芸・備後・備中・美作・播磨・長門と、たたら製鉄が行われた地域全体の信仰を集めていたことがうかがえる。また、鉐・鍛冶屋だけでなく鋳物師《いもじ》の名もみえ、鉄や鉄製品の生産・加工に従事した幅広い人々の信仰を集めていたようだ。

たたらで信仰された神々

たたらや大鍛冶場の山内《さんない》には、例外なく金屋子神を祭る小祠がある。製鉄の原理が科学的に明らかになっている今日とは異なり、たたら製鉄は経験と改良の積み重ねによって獲得された技術であっただけに、製鉄作業の成功を金屋子神に祈らざるをえなかったであろうことは容易に想像できる。

山内の金屋子神社には、神像や鏡が御神体として納められた。神像には、銑鉄を簡単な鋳型に流し込んだものが多いが、木像や石像もあった。衣冠束帯姿の男神像と総髪の女神像があり、金山彦命、金山媛命を表現したものだ。神に捧げられるものとしては、操業の最初に抽出され初花と呼ばれた銑鉄や、これで作られた燭台がよく見受けられる。山内では金屋子神だけでなく、たたら製鉄に関連する様々な神々も祭られた。菅谷鉐では、金屋子神に加えて、風の神・山の神である牛頭《ごず》天王、火難除けの神である愛宕《あたご》・秋葉権現、金《かね》の神・船の守護神である金比羅《こんぴら》権現を祭る祠がある。島根県出雲市佐田町加賀谷鉐は、金屋子神、愛宕・秋葉神のほか、原料や製品を運ぶ牛馬を守る八重山神、江津市桜谷《さくらだに》鈩では金鋳児《かないご》神・愛宕神のほか、原料の砂鉄や木炭に関わる山祇《やまづみ》神、原料・製品を運搬した船の守護神である船魂《ふなだま》神を祭る祠がある。山内では鉄の生産・流通に関わる様々な神が信仰されたのである。

一方、金屋子神の掛軸も数多く残っている。金屋子神社の大祭や鞴祭りなどハレの日に

図42　金屋子神図（絲原記念館提供）

図43　金屋子神乗狐図（金屋子神社提供）

掛けられたとみられ、「金山比古命」、「金屋子大明神」などと大きく神名を墨書したものや、金屋子神とたたら操業の様子を描いたもの、白狐に乗る金屋子神を描いたものがある。このうち、絲原《いとはら》家と櫻井家に伝わる金屋子神図は、江戸時代後期、松江藩の支藩である母里《もり》藩のお抱え絵師であった長塩雪山《ながしおせつざん》の作で、上段中央に砂鉄と初花を捧げる男女の従者を従えた金山媛命、中段にたたら、下段に大鍛冶の様子が描写される（図42）。中・下段の操業図は、たたら製鉄が鉀と大鍛冶で成り立っていたことを象徴するものといえる。また、同じく長塩雪山作で、金屋子神社に納められた掛図は、金屋子神が白狐に乗り、手には宝剣と宝珠をもち、荼吉尼天《だきにてん》の姿で描かれる（図43）。日本の神はインドの仏が仮に姿を変えて現れたものだとする本地垂迹《ほんちすいじゃく》説によれば、荼吉尼天は稲荷神の垂迹とされている。狐は、謡曲「小鍛冶」で、三条小鍛冶宗近が稲荷神の化身である狐の力を借りて名刀「小狐丸」を打ったとされるように稲荷神を象徴するものであり、この図は金屋子神を鍛冶神として描いたものとみてよさそうだ。

海のたたら、山のたたら

海のたたら——石見・出雲沿岸部と隠岐

隠岐のたたら

島根半島の北方約五〇キロ、日本海に浮かぶ隠岐諸島。この離島の一角、島根県隠岐の島町那久《なぐ》には、明治元年（一八六八）から三年あまり、たたらがあった。「鉄山」と呼ばれる現地は、港から四キロほど山に入ったところに位置する。高殿《たかどの》が置かれた平坦地や多量の鉄滓《てつさい》・炉壁片があり、実際にたたらの操業が行われたことがわかる。

那久鉄山は、文久二年（一八六二）、伯耆日野郡大戸村（鳥取県日南町茶屋）の三上与兵衛が那久村庄屋にたたらの操業をもちかけたことに始まり、翌年には鈩《たたら》の建設が着手された。燃料となる大炭《おおずみ》は周辺の山で生産し、砂鉄は伯耆、製鉄炉の粘土は石見、銑鉄の生産に効果がある石見浜田藩日脚《ひなし》村（島根県浜田市）の「薬小鉄《くすりこがね》」を買い入れた。しかし、この際には松江藩から操業の許可を受けることができず、たたらの諸施設は破脚が命じられてしまう。明治元年になり監察使の許しを得て操業が始められたが、銑鉄価格の下落などで廃業したらしい。

那久で、たたら製鉄に招聘されたのは、出雲の技術者であった。隠岐の大炭、伯耆の砂鉄、日脚の薬小鉄を使った銑鉄生産は、出雲の田儀櫻井家が経営した越堂《こえどう》鈩で行われており、招かれたのは同家の関係者であった可能性がある。島根県出雲市多伎町の越堂鈩は、日本海に面する田儀港の近くにあり、原材料である砂鉄・木炭と、生産された銑鉄の輸送を船で行う「海のたたら」であった。那久鉄山は、石見沿岸部を中心として出雲まで展開していた「海のたたら」の一つだったのである。

海のたたら

山邊八代姫《やまべやしろひめ》命神社（島根県大田市）には、「鉄山大盛」という絵馬がある。これは、日本海にそそぐ静間川の河口に位置する島根県大田市の静間村鈩を描いたものだ（図44）。中心には高殿鈩と砂鉄洗場、その周囲に元小屋・鍛冶屋・炭小屋などの主要施設があり、左下の隅には川と船着場、そして五艘の帆船が見える。船着場を備えた山内《さんない》の姿は、原材料と生産された銑鉄を船で輸送する「海のたたら」をよく示す

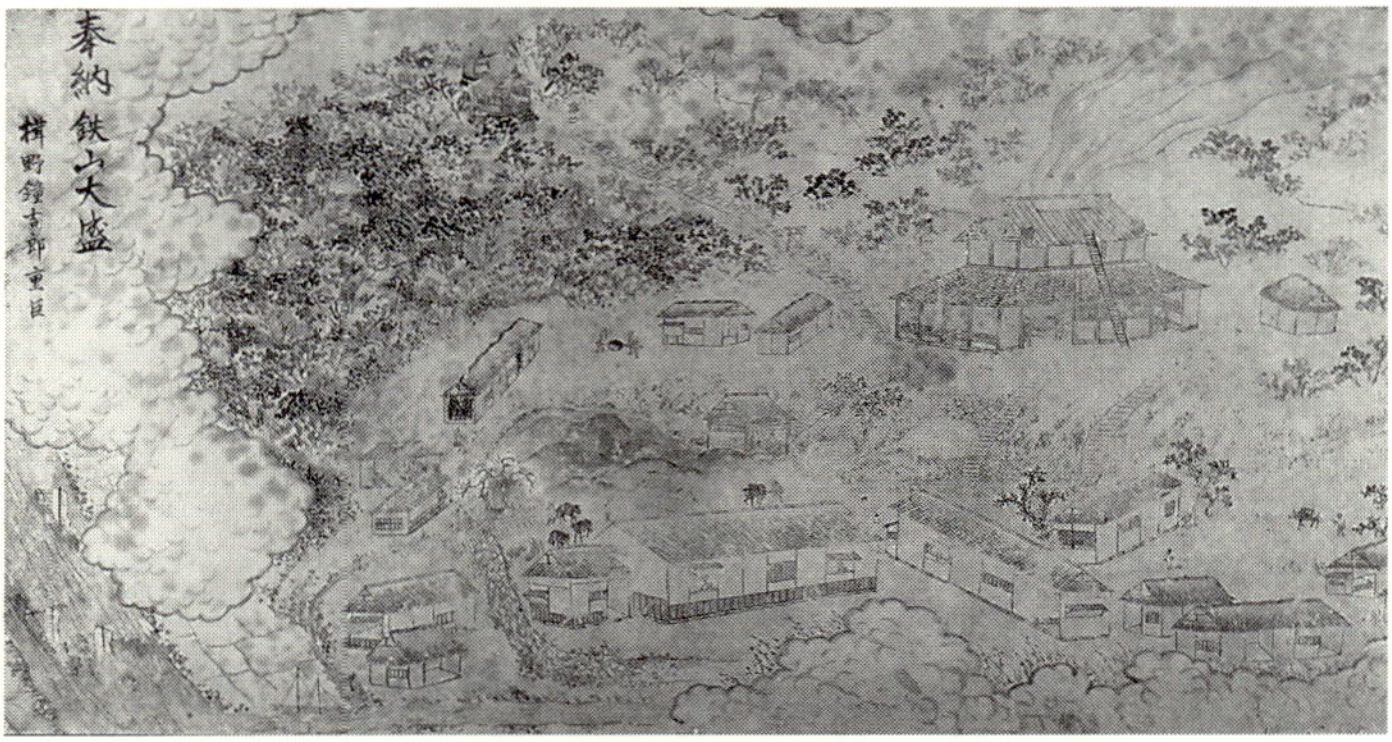

図44　絵馬「鉄山大盛」（山邊八代姫命神社提供）

ものといえる。

海のたたらは、石見東部沿岸を中心に分布し、西は石見西部沿岸、東は隠岐や島根半島まで広がる（図45）。「山のたたら」は、燃料となる大炭の生産に必要な周辺の森林伐採が進むと、嵩張る木炭を馬で運ぶため経費がかさみ、鈩の移動を余儀なくされた。これに対し海のたたらは、大量輸送が可能な船で原料となる砂鉄と木炭を運ぶため、鈩を移転する必要がなかった。静間村鈩は、宝永年間（一七〇四〜一一）に操業が始まったとされ、『明治一五年島根県統計表』にも見えるので、一八〇年近くも存続したようだ。また、大田市の百《く》済《だら》鈩は、宝永元年から明治二七年まで操業が確認でき、稼働期間は一九〇年にも及んでいる。

海のたたらが広がる石見東部沿岸は、鋳物用の

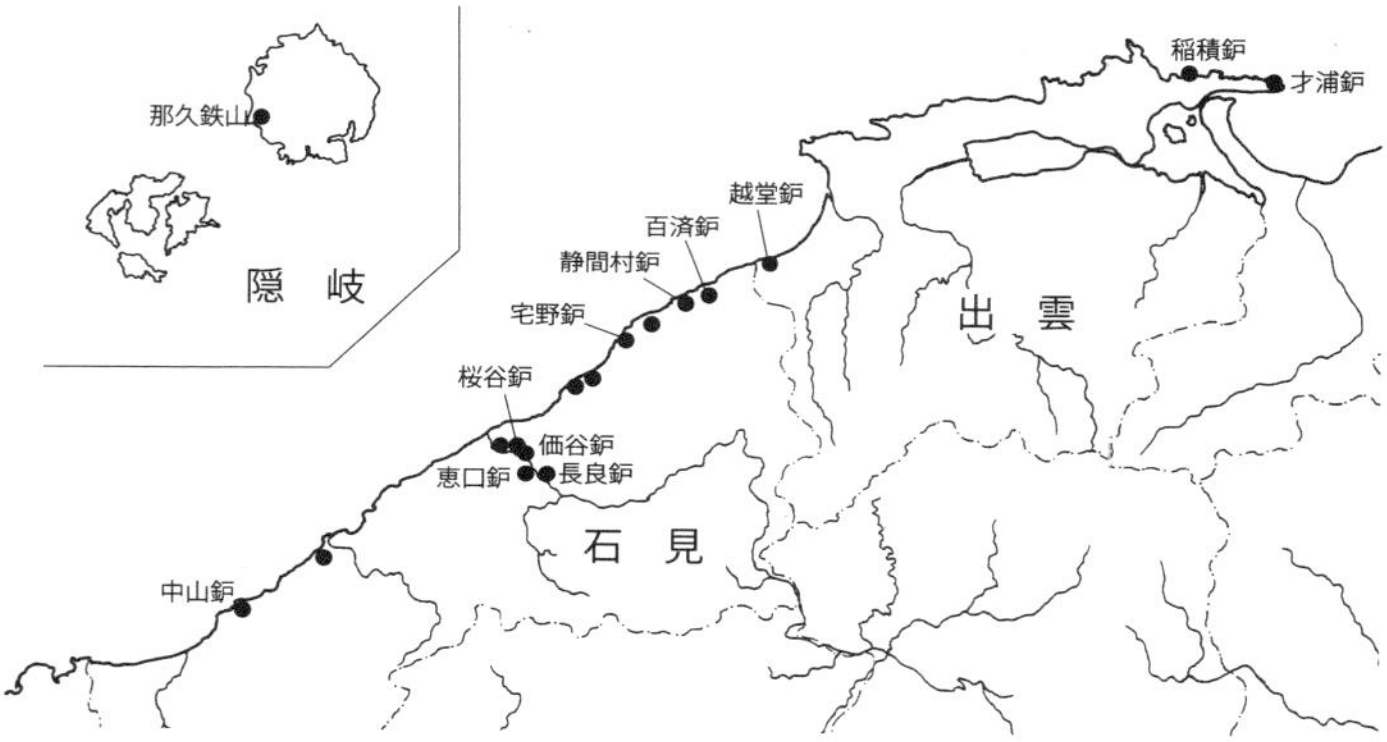

図45　「海のたたら」「川のたたら」の分布

銑鉄の生産地域であった。天保七年（一八三六）に石見銀山領鉄山師惣代より大森代官所に出された報告によれば、大坂の鋳物師《いもじ》から「右鑪《たたら》所（石見）産銑の外決而《ほかけつして》買入仕らず」といわれるほど高い評価を受けていたのだ。石見銑《いわみずく》は、鋳物用銑鉄のブランドだったわけだが、銑鉄の単価は鋼《はがね》や割鉄《わりてつ》に対し半値程度と低かった。安い銑鉄をそのまま販売しても経営が成り立ったのは、その品質の高さとともに、鈩から船に直接積み込んで市場へ大量に運ぶことができたためである。

一方、静間村鈩の絵馬「鉄山大盛」には鍛冶屋が二軒描かれている。屋根には煙を出す開口部（腰火打《ほうち》）があり、大鍛冶場もあったようだ。宅《たく》野《の》鈩（達水《たちみず》鈩）がある邇摩《にま》郡宅野村（島根県大田市）では、安政五年（一八五八）に銑鉄一五七・五トンのほかに、稲扱《いなこぎ》（千歯）三〇〇〇挺が生産された記録がある。銑鉄のまま出荷されるもののほかに、鉄製品に加工されたものもあったようだ。絵馬「鉄山大盛」は、静間村鈩でも山内で大鍛冶、小鍛冶を行って鉄製品の生産を行っていたことをうかがわせる。

川のたたら

船で砂鉄と木炭を運び込み、生産した銑鉄を搬出するたたらは、中国地方随一の大河である江《ごう》の川本流沿岸にも展開する。いわば「川のたたら」だ。

桜谷《さくらだに》鈩は、江の川本流に面したところに位置する。経営者はたびたび交代したが、享保一九年（一七三四）から明治二五年（一八九二）頃まで、約一六〇年間にわたり操業されたことが確認でき、「海のたたら」と同様に稼働期間が長い。原料の砂鉄は江の川河口東岸地域などから購入した記録があり、生産された銑鉄の販路は大阪・北陸方面に広がっていた。前述したように山内には、金鋳児《かないご》社をはじめ船魂《ふなだま》社、山祇《やまづみ》社、愛宕《あたご》社があり、特に、船の守護神である船魂神が祭られていることは、桜谷鈩の経営が江の川水運、そして廻船の寄港地である江津と各地を結ぶ航路により支えられていたことを端的に示したものといえる（図46）。

浜田藩営であった島根県江津市恵口《えぐち》鈩は、明和二年（一七六五）から明治二三年頃まで約一二〇年にわたって稼働した。江の川を望む山内は高殿・元小屋・砂鉄洗場・金屋子《かなやご》神

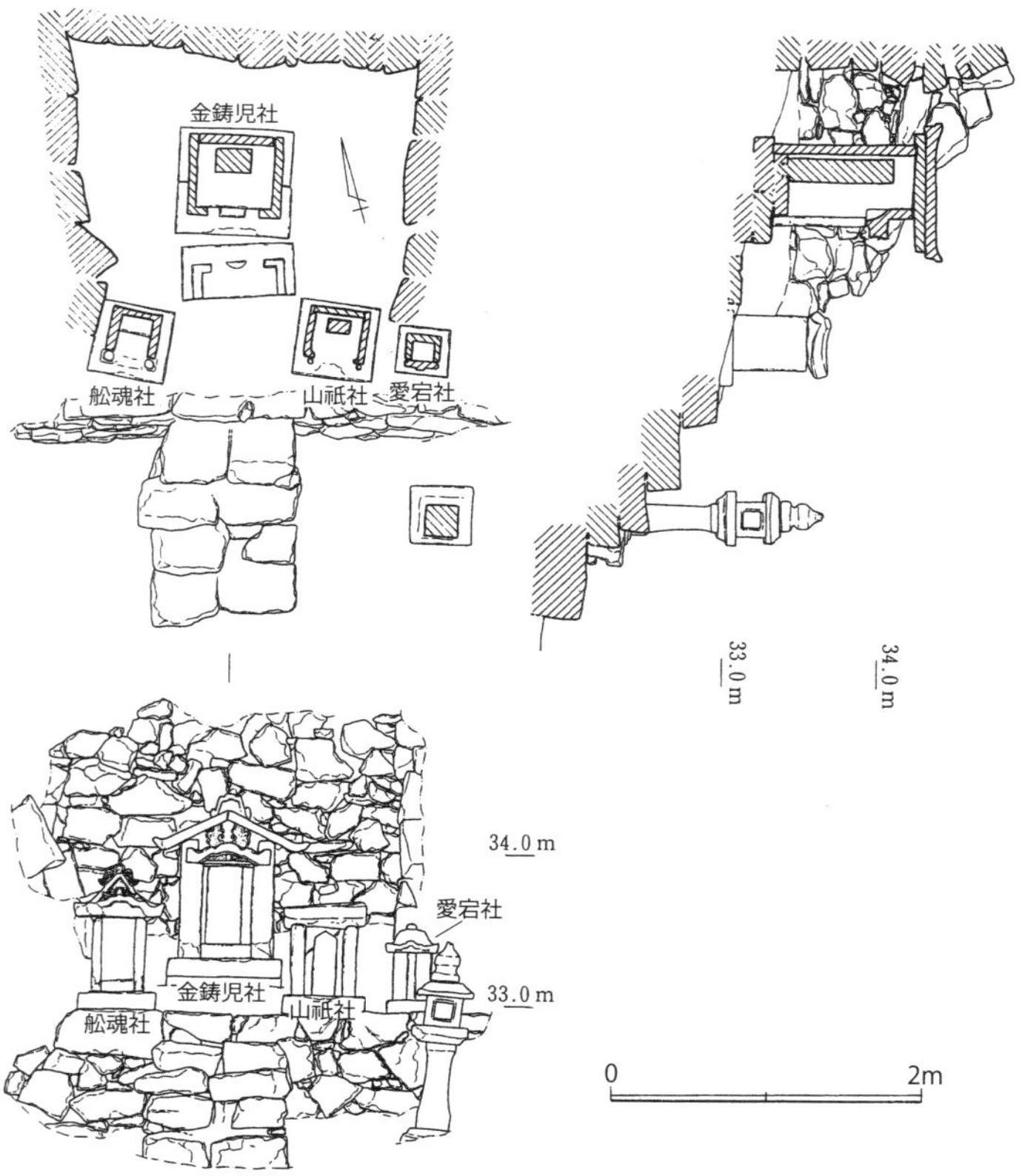

図46　桜谷鈩の金鋳児神社

社などで構成される。川岸には船津と呼ばれるところがあり、船着場があったようだ。価谷《あたいだに》鈩でも史料に「舟津道直」すなわち船着場へ通じる道の補修が行われたことが見え、川のたたらは船着場を備えていた。同じ地域の長良鈩では、文化五年（一八〇八）の「長良鈩定書」に「江津下シ銑」、「住郷《じゅうごう》河戸《かわと》登シ銑」「田津《たづ》登シ銑」などの記載がある。長良鈩の銑鉄には、下流の江津へ送り船積みされたもののほかに、割鉄に加工する場合には上流側の沿岸にある邑智郡の住郷・河戸・田津（江津市桜江町）の大鍛冶場に運ばれたものもあったようだ。

　前述した天保七年の石見銀山領鉄山師惣代報告には、石見銀山領一七ヵ所、浜田藩領一ヵ所の鈩の記載があり、日本海沿岸の静間村（笹谷）鈩・百済鈩をはじめとする「海のたたら」とともに、桜谷鈩・恵口鈩など「川のたたら」の名も見える。そして、これらの鈩は海岸または河岸に立地し生産される銑鉄の船積みが容易であり、鋳物用銑鉄に向くよう因幡・伯耆（鳥取県）より買い入れた砂鉄に日脚の薬小鉄を混ぜ工夫して製錬したとする。つまり、水運によって木炭・砂鉄を確保し、主として鋳物用銑鉄を廻船で運んで販売するという鉄の生産・流通のあり方は、石見東部沿岸から江の川本流沿いに立地する「海のたたら」「川のたたら」に共通するものだったのである。

越堂鈩にみる「海のたたら」

田儀川の河口にある田儀港から少し入ったところにある越堂鈩は、まさに「海のたたら」だ。史料上の初見は延享二年（一七四五）で、石見のたたら経営者によって開設・操業されたようだ。明和六年（一七六九）には、出雲の田儀櫻井家が経営に乗り出し、翌々年に石見邇摩郡横道村（島根県大田市温泉津町）の弥平太より買い取っている。その後、同家による経営は、明治一五年（一八八二）まで一一三年に及んだ。

越堂鈩は、石見東部沿岸に広がる「海のたたら」に地理的に近いこともあり、原料供給地や生産内容など類似点が多い。天明四年（一七八四）の「天明四辰九月鉄山困窮拝借願書之扣《ひかえ》」によれば、砂鉄は因幡・伯耆及び石見浜田領から取り寄せたとされ、文化五年（一八〇八）の「年々見合帳」でも砂鉄は伯耆や付近の浜辺から、木炭は鰐淵寺《がくえんじ》山・杵築《きづき》など島根半島西部や隠岐から買い入れたとある。長期間の稼働が可能であったのは、やはり原材料を水運により搬入できたところに理由があった。生産内容は、明治三年には銑《ずく》二五八・一トン・鉧《けら》一八・七トン、明治五年は銑二三四・九トン・鉧九・四トンで、銑が九割以上を占める。生産量の五～六割はそのまま銑として、残りは田儀櫻井家本宅に隣接する宮本鍛冶屋などで割鉄に加工して、船積みされた。

越堂鈩の山内については、幕末～明治初年頃とされる配置図が伝えられており、高殿・砂鉄洗場・鉄池・鉄庫・銑倉・事務所・大鍛冶職工室・稲扱製造場・炭小屋・山内住宅・金屋子神社などがあったことがわかる。配置図に大鍛冶場は見当たらないが、大鍛冶職工室・稲扱製造場があることは、山内で大鍛冶が行われ稲扱（千歯）が製作されていたことを示すものであり、石見東部沿岸の宅野鈩などと類似する。『明治十三年島根県統計表』によれば、千歯は宮本鍛冶屋でも製造されていたようだ。

「海のたたら」は、日本海水運により原材料を確保し、同じ場所で長期間稼働するところに大きな特色がある。越堂鈩は、田儀櫻井家の経営以前から数えれば一四〇年以上にわたって稼働したわけだが、出雲市文化財課の発掘調査によって、高殿がどのように維持されたのかが明らかになった。高殿は、一辺一九・五メートルの正方形で、周囲に二～三段の石垣がある。石垣は、ある時期にかさ上げされ、その下には古い暗渠《あんきょ》排水施設があることから、三度にわたり改修されたようだ。高殿の中央には本床《ほんどこ》と小舟《こぶね》よりなる床釣《とこつ》りがあるが、小舟は古い小舟を壊して造られており、掘形を掘り直して床釣りを新たに構築していた（図47）。また、新旧二段階の床釣り以前にも作業面が二面あり、床釣りは合わせて四度も造り替えられたとみられる。これを一～四期とすると、一期が石垣下の暗渠排水施設、二期

図47　越堂鈩高殿床釣り（出雲市提供）

が石垣古段階、三・四期が石垣新段階に対応する。田儀櫻井家が経営を始め施設を改修をしたのは、二期のことであったらしい。また、文化二年には、操業中、高殿の屋根に火が燃え移り全焼した記録が残っている。高殿の二期から三・四期への建て替えは、この火災後の復旧として行われた可能性がある。

高殿鈩では、一定期間操業すると、床釣りの防湿効果を保持するために跡坪《あとつぼ》を掘り返して本床と小舟を乾燥させる照《てら》し焼《やき》が行われることは前述したとおりである。稼働期間が長期にわたる「海のたたら」の場合、それだけでは十分ではなかったようだ。越堂鈩の調査によって、床釣りの再構築を含めた高殿の大規模な改修を繰り返しながら操業を続けた「海のたたら」の姿が明らかになった。

島根半島のたたら

文化九年（一八一二）、御碕《みさき》領分宇龍浦（島根県出雲市大社町）では鈩の建設計画が持ち上がった。宇龍は、田部家が鉄を積み出したことなどで知られる良港であり、実現すれば島根半島西端の日御碕《ひのみさき》の近くに「海のたたら」ができるはずであった。この際には、田儀櫻井家が越堂鈩で使う松炭《まつずみ》を島根半島の西側地域を中心に買い入れていたことから、木炭の供給地が競合することを理由に反対し、鈩は建設されなかった。日御碕周辺では、その後も天保一〇年（一八三九）と元治二年（一八六五）に鈩、嘉永元年（一八四八）には鍛冶屋の建設が持ち上がったが、そのたびに田儀櫻井家が木炭供給に支障が出るとして反対し、計画が実現することはなかった。

一方、島根半島の東部では、「海のたたら」が開設され、稼働した。島根県松江市美保関町の稲積鈩《いなづみ》（中井鈩）は、島根半島四十二浦に数えられる北浦の東にある。稲積港に近い低丘陵上に位置し、高殿跡とみられる一五㍍四方の平坦面と多量の炉壁・鉄滓が確認できる。鉄滓の分析結果から、原料は赤目砂鉄《あこめ》、海岸で採取される浜砂鉄だったようだ。松江藩鉄師頭取であった田部家の「鉄方御用留」によれば、安永五年（一七七六）に稲積鈩師佐四郎が天秤鞴を備えた鈩を操業している。生産された銑鉄は、藩の専売として鋳造品を製造・販売した釜甑方《ふそうがた》に納められていた。美保関町才浦《さいうら》鈩は、島根半島東端の地蔵崎に近い才浦から入った谷筋にあり、高殿跡の平坦面や炉壁・鉄滓が確認できる。美保神社宮司の『横山日記』によれば、文政二年（一八一九）七月に開設されたことがわかる。

島根半島西部では、田儀櫻井家が越堂鈩への木炭供給を理由に反対したため、鈩の新設は認められなかった。これに対し、既存のたたら経営者と競合しなかった東部地域では、藩から操業の許可を受けたようだ。その実態は不明な点が多いが、浜砂鉄を使用していること、港近くに立地することから、日本海水運を通じて砂鉄を購入し、生産された銑鉄を販売するという経営が行われたとみてよかろう。

山のたたら——出雲・伯耆山間部

山のたたら

たたらと聞いて、まずイメージされるのは、深山《みやま》で操業する高殿《たかどの》だ。「山のたたら」こそ、映画や文学作品で描かれる「たたら」なのだが、その特色はどこにあったのだろうか。

「山のたたら」は、原材料である砂鉄・木炭を鈩《たたら》まで運んだり、鈩で生産された鉄を中継地点となる川港や廻船の寄港地まで輸送したりするために牛馬を使う必要があった。したがって、大量輸送が可能な船に直接積み込むことができる「海のたたら」と比べれば、輸送経費が多くかかり、経営上、原材料の輸送費はより安く、販売する鉄の価格はより高くすることが求められた。

「砂鉄七里に炭三里」、これは鈩の立地条件を言い表した俚諺で、砂鉄は鈩から七里（約二八キロ）、木炭は三里（約一二キロ）のうちで集めるべきという意味だ。田部家文書『明治一六年旧記』によれば、菅谷《すがや》鈩で購入された山砂鉄の価格は一〇貫（三七・五キロ）あたり三銭五厘であった。これに対して、鈩に近い後谷の木炭は一〇貫あたり五銭～五銭五厘であるが、四キロあまり離れた大志戸奥のものは六銭五厘、七・六キロ先の小阿井谷のものは九銭五厘と割高であった。鈩一回の操業には砂鉄四二九〇貫（一六トン）、大炭《おおずみ》四一二五貫（一五・五トン）が使用されている。これだけの量を調達するためには馬一駄で仮に砂鉄三〇貫、木炭二〇貫が運べたとすると、砂鉄は一四三回、大炭は二〇六回の駄送が必要となる。木炭は、単価が高い上に、砂鉄に対して重さあたりの体積が大きいので駄送する回数が増え、輸送経費が多くかかったようだ。

絲原《いとはら》家文書「雨川《あめがわ》鈩御許容書」によれば、仁多郡大馬木《おおまき》村（島根県奥出雲町）大原鈩から同雨川村（同）雨川鈩への移転について、「立木追々伐末ニ相成候」とあり、操業を重ねるにつれて大炭生産に必要な木が鈩の近くで採れなくなったのがその理由とされる。絲原家が経営した鈩の稼働状況は、一八世紀代においては大原鈩が一八年と長く、向原鈩は七ヵ月と短いが、一ヵ所平均七年程度で移転を繰り返した。大鍛冶場は、稼働期間が長い大原鍛冶屋で一四年、短い折渡鍛冶屋では四ヵ月しかなく、平均すると五年半であり、鈩より短い期間で移転している。このような頻繁な移動の背景には、木炭供給地により近いところに鈩・大鍛冶場を置き、その輸送経費を抑えるねらいがあったのである。

一七～一八世紀代の鈩が移転を繰り返すのは、出雲飯石《いいし》郡・仁多郡の経営者で共通しており、田部家は平均二〇年、櫻井家は平均八年であった。また、伯耆日野郡の近藤家では、鈩の移転のことを転山《うつしやま》と呼び、一八世紀後葉～一八八〇年代までの稼働期間は平均七年半である。明治時代に入っても鈩の移転は続いており、明治二二（一八八九）～三二年に稼働した都合山《つごうやま》鈩は、日野郡上菅《かみすげ》村（鳥取県日野町）の人向山《ひとむきやま》鈩から移されたもので、都合山鈩は日野郡菅福《すげふく》村（同）の菅福山鈩へと移転した。これらは三・五キロ圏内に位置し、人向山鈩は明治一二～二二年、菅福山鈩は明治三一（一八九八）～大正七年（一九一八）まで稼働した。人向山鈩と都合山鈩では一〇年程度で移転する江戸時代以来の転山が行われたが、菅福山鈩は操業期間が延びている。近藤家は、明治時代には荷車の普及や道路整備などにより、日野郡二部村（鳥取県伯耆町）の福岡山鈩や同印賀村（同日南町）の吉《よし》鈩など主力工場では稼働期間の長期化を図るが、その他の鈩は移転しながらの操業を続けたようだ。

「山のたたら」の経営に求められたもう一つの点は、単価が高い鉄を生産することにあった。鉄類の価格は、明治一一年に鳥取県境港からの移出された鉄の場合、一駄（一一二・五㌔）あたり錬鉄六円五〇銭・鋼《はがね》五円九二銭・銑《ずく》三円である。また、田部家の明治二七年における販売価格は、一貫（三・七五㌔）あたり錬鉄二五銭・鋼二三銭・銑八銭五厘で、ともに錬鉄・鋼が高く、銑は錬鉄の半値以下である点に変わりはない。つまり、鉄の輸送経費がかかる「山のたたら」で収益を確保するためには、単価が高い錬鉄や鋼を生産する必要があったのである。

たたら製鉄には、鋼ができる鉧押《けらおし》と銑鉄生産の銑押《ずくおし》があるが、出雲飯石郡・仁多郡、伯耆日野郡では、鉧押でも銑押でも生産される鉄の七割以上を占めるのは銑と歩鉧であり、これらは大鍛冶場で錬鉄に加工された。飯石郡・仁多郡は、鈩が単独で立地するものがほとんどであるが、銑・歩鉧は基本的には大鍛冶場に送られている。日野郡近藤家の場合には、鈩は大鍛冶場を併設しており、これに大鍛冶場が単独で立地するものが加わって錬鉄が作られていた。

鋼の生産には、真砂《まさ》砂鉄が必要であった。出雲飯石郡・仁多郡・能義郡、伯耆日野郡などでは真砂砂鉄が産出し、鋼ができる鉧押が行われた。しかし、たたら製鉄の成立当初から鋼が安定的に生産されていたわけではなかったようだ。すでに述べたように絲原家文書の検討をした高橋一郎は、史料に「釼《はがね》」が見えるのは一八世紀後半のことであり、鋼が安定的にできるようになったのは一九世紀になってからだとする。「山のたたら」では、単価が高い錬鉄と鋼の生産が行われたが、その主体は鋼ではなかったのである。

「山のたたら」は、木炭輸送の経費を抑えるために頻繁に移動を繰り返した。その一方、出雲飯石郡・仁多郡では一八世紀後葉以降は経営拠点となる鈩は移動せず、固定されるようになった。

「基幹鈩」の登場

田部家文書『明治一六年旧記』によれば、菅谷鈩の前身は正保三年（一六四六）に開業した飯石郡吉田村（島根県雲南市吉田町）の粟原《あわはら》鈩で、同村志谷《しだに》鈩、掛合《かけや》村（雲南市掛合町）川上鈩を経て、宝暦元年（一七五一）に菅谷鈩で操業が始まる。この際には安永六年（一七七七）まで二七年間稼働した後、一旦、吉田村杉戸鈩へ移転し、寛政四年（一七九二）に再び菅谷鈩に戻ってくる。菅谷鈩は、これ以後、大正一〇年（一九二一）まで一三〇年間にわたり田部家の中心的な鈩「基幹鈩」として存続することとなる。

経営拠点となる鈩を固定する動きは、田部家に限らなかった。櫻井家は、安永五年、仁多郡下阿井村（島根県奥出雲町）の奥湯谷鈩を上三成村（同）宇根鈩に移し、それ以後、

図48　鉄穴鈩（絲原記念館提供）

明治四二年（一九〇九）まで一三四年間、操業を続けている。また、絲原家は、天明八年（一七八八）に仁多郡雨川村（同）に本宅を移した際に、隣接するところに鉄穴鈩《かんな》（雨川鈩）を設け、大正一二年まで一三六年にわたり存続した（図48）。

経営拠点となる鈩を基幹鈩として固定し、同じ場所で継続的な操業が可能となれば、移転経費が生じない点で経営的には有利となる。しかし、長期間にわたり鈩の操業を続けるためには木炭の安定的な供給が前提となる。一八世紀後半に基幹鈩が登場したのは、たたら経営者がこの頃に松江藩から軍馬の飼育を引き受け、馬の頭数が増加したことにより、木炭・砂鉄の運搬が容易になったことが指摘されている。また、鉄穴鈩では、文化九年（一八一二）から一五年計画で広島藩領備後恵蘇郡上湯川村（広島県庄原市高野町）俵原鉄山の大炭を購入しているほか、櫻井家が万延元年（一八六〇）に仁多郡上阿井村（島根県奥出雲町）に槙原鈩を開設する際には、奥山のため未開発であった猿政《さるまさ》山・鯛ノ巣山を木炭供給地とした。基幹鈩成立の背景には、木炭の広域流通や広大な鉄山林の確保があったようだ。

鋼の生産と銅小屋

鋼は、製鉄炉の炉底に生成される鉧の中に含まれる。鉧を割って鋼を選び出すようになったのは、宝暦末年（一七六三）頃からと推定されており、『鉄山必用記事』でも「銅折」として太上折と刎木折《はねぎおり》という破砕法が紹介されている。太上折は銅と呼ばれる重錘《おもり》に一二本の綱を付け、これを一斉に引き上げて鉧に落とすというものだ。刎木折は、木を斜めに立て、その枝に銅を吊上げて落とし鉧を割ったという。つまり、山内には鉧を割るための恒常的な施設は、本来なかったのである。

鉧割りの作業施設である銅小屋が、いつ成立したのかは明確ではない。絲原家文書には、文政元年（一八一八）に鉧の処理に「銅廻し」の記載があることから、水車状の回転施設に人が入って踏み回し、銅を吊り上げたとみられる。この頃には恒常的な作業場として銅小屋が設けられたようだ。銅小屋は、俵國一による砥波《となみ》鈩の記録をみると、高さ九<ruby>メートル</ruby>以上の櫓《やぐら》を組み、その上に滑車を取り付けて重さ一・二三トンの銅を高さ五メートルまで巻き上げ、金敷に置いた鉧の上に落として破砕するものであった（図49）。銅は銑鉄を方柱状に鋳造した重錘で、銅の巻き上げは水車を利用する場合もあったが、砥波鈩では水車状の回転施設を人が踏み回したという。

銅小屋は、基本的には鋼ができる鉧押を行った山内に置かれる施設であり、出雲飯石郡・仁多郡・能義郡・大原郡と伯耆日野郡北部にしかない。銅小屋は、時期的にも地域的にも限られた施設だったのである。

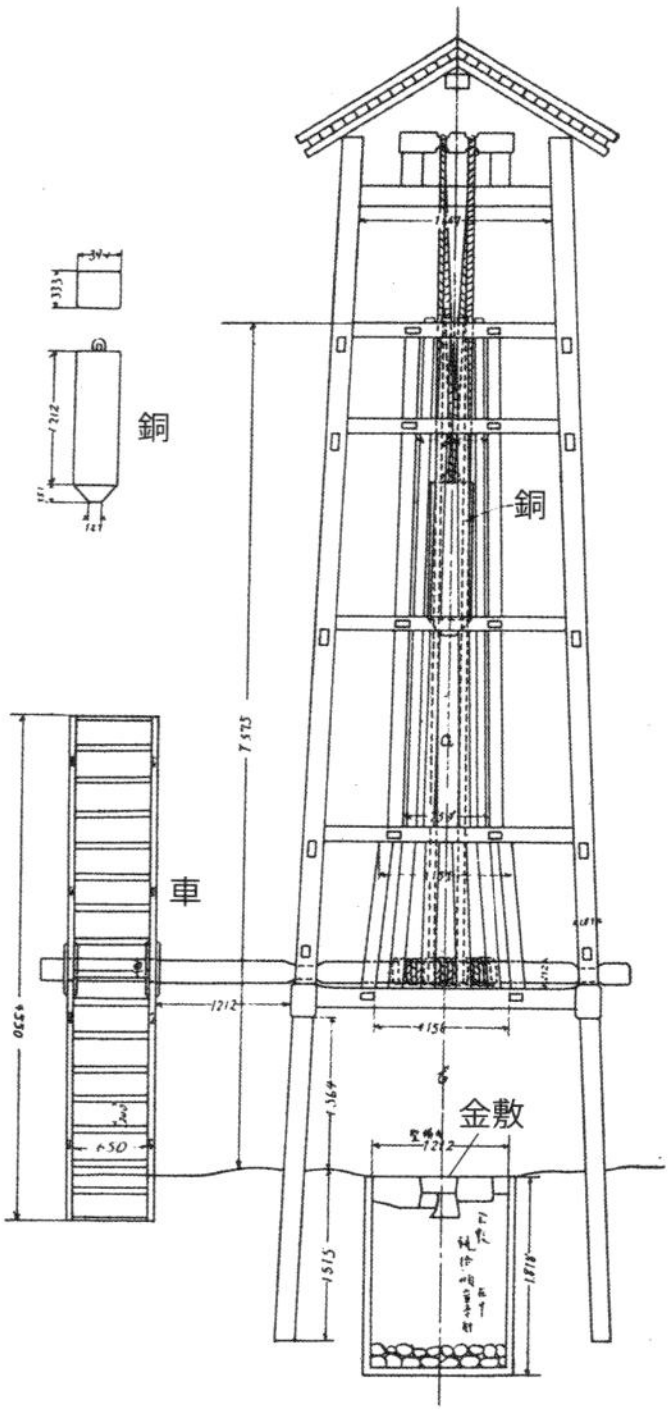

図49　砥波鈩の銅小屋

菅谷鈩にみる「山のたたら」

菅谷鈩で使われた砂鉄は、田部家文書『明治十六年旧記』によれば、一二ヵ所の鉄穴場で採取された山砂鉄と二ヵ所の川砂鉄であった（図50）。山砂鉄は、菅谷鈩に近く、田部家の所有である内家《うちえ》鉄穴と茅野鉄穴のものが主体である。特に茅野鉄穴は菅谷鈩から三〇〇メートルのところにあり、面積も約一八〇ヘクタールと広大だ。砂鉄採取量は、内家鉄穴が年平均九六トン、茅野鉄穴は一四六トンに達する。その他の鉄穴は、菅谷鈩より一〇～一七キロ離れたところにある。採取量は、新在池鉄穴が年平均六七トン、大滝鉄穴八一トン、寸丸鉄穴一四四トンと多いものもあるが、それ以外は二〇～五〇トン程度であった。川砂鉄は、菅谷鈩より一三キロ離れた粟谷《あわだに》村・熊谷《くまたに》村のものが使われた。このように多数の鉄穴場から砂鉄が集められたのは、年間一〇〇〇トン前後に達する砂鉄をまかなうのと同時に、製錬作業の工程によって使い分けられる多様な砂鉄を確保するためであった。

菅谷鈩付属の鉄山林は、吉田村・深野村・曽木村（島根県雲南市吉田町）、掛合村（同掛合町）、六重《むえ》村・中野村（同三刀屋《みとや》町）にあった。大炭にして四〇年間で一四四四万五貫目（五万四一五〇トン）生産できると見積もられており、これは年間七〇回の操業でも五〇年は稼働可能な量に相当する。『明治十六年旧記』に代価・運賃の記載があり、実際に操業に

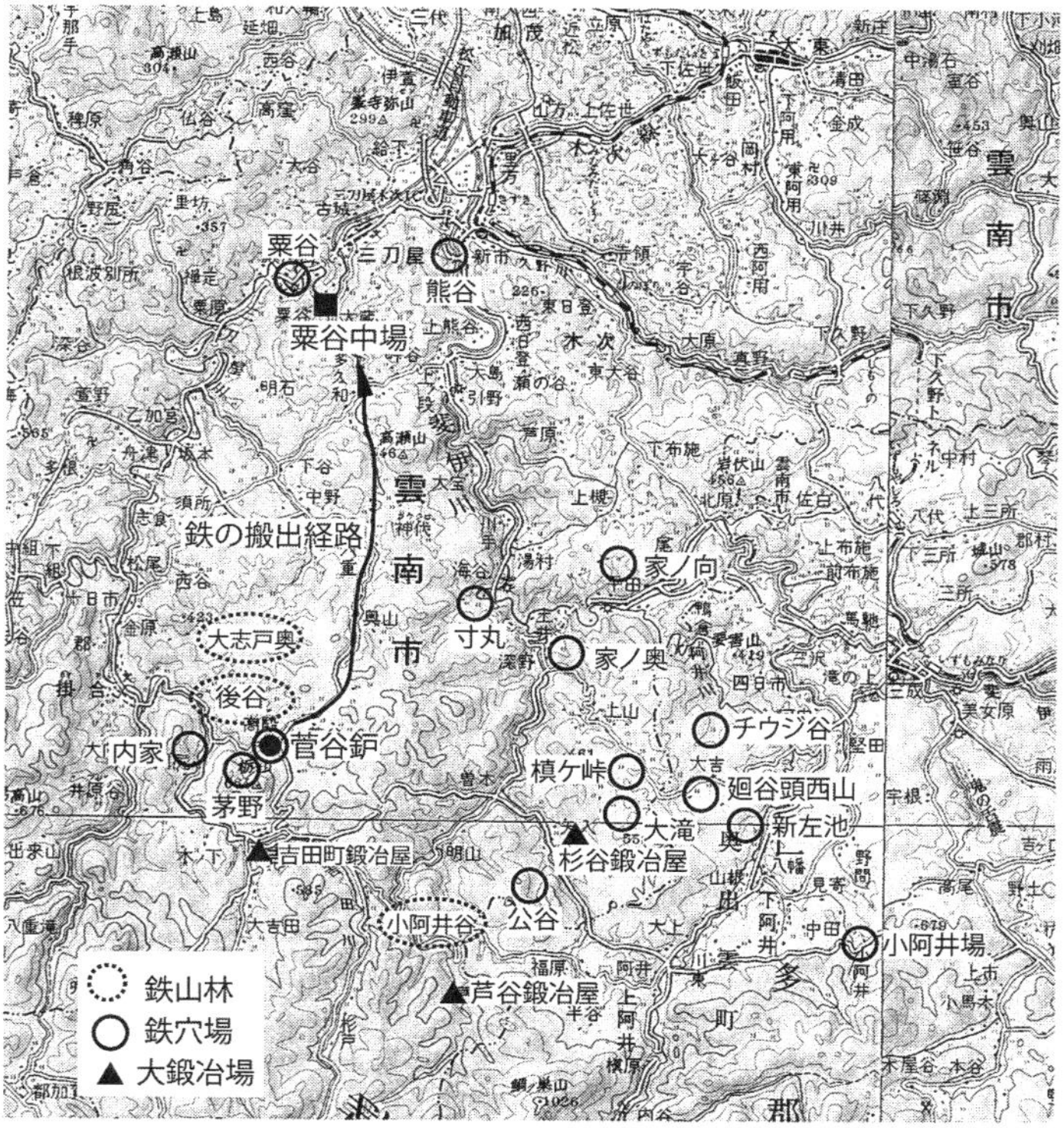

図50　菅谷鈩の鉄山林・鉄穴場・大鍛冶場と粟谷中場

使われていたのは吉田村大志戸・後谷、曽木村小阿井谷の鉄山林で、菅谷鈩から二～七・六キロの範囲にあった。

菅谷鈩の生産内容は、田部家文書「文政九年以降鑪方勘定出目銀座写」によって文政九年（一八二六）～明治四年（一八七一）の状況がわかる。年間の吹代数（操業回数）は、天保一〇年（一八三九）までは八一～九〇代と多い。その後は概ね六〇～七〇代前後で推移しており、三日押を中心とした操業が行われたようだ。生産内容は、年により変動はあるが、鋼は二割前後、銑は五～七割前後、鉧は二～三割前後で推移し、銑を中心に、鋼・鉧が生産されていた。こうした生産状況は、明治五年の「出鉱表」や明治一三～一六年の「菅谷製鉱所計算表」でも同じであり、文政年間以降、近代まで大きな変化はなかった（図51）。

鈩で生産された鉧は、二・六～三トン前後の重さがある。これを大銅場で一一〇～一五〇キロ程度に破砕し、中銅場・小銅場でさらに小割りした後、元小屋内の内倉で小鎚を使って銑・歩鉧を落として鋼を選び出した。製鉄炉から流し取られた銑や、鉧に含まれていた銑と歩鉧は、三ヵ所の大鍛冶場、吉田町鍛冶屋・芦谷鍛冶屋・杉谷鍛冶屋へ送られた。田部家が経営した大鍛冶場は、明治一七～二四年の記録が残る。年によって変動はあるが、錬

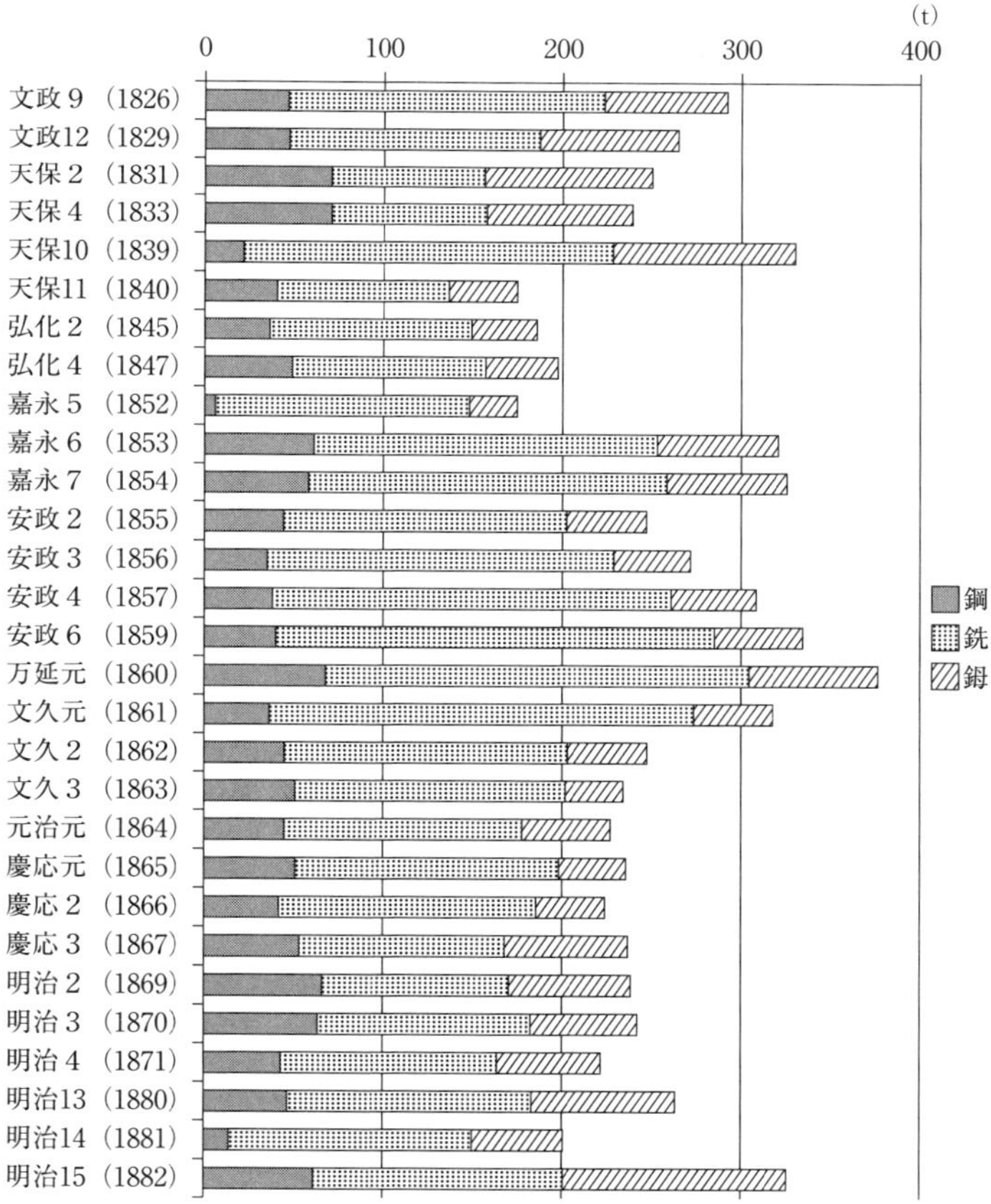
(t)
0
100
200
300
400
文政９（1826）
文政12（1829）
天保２（1831）
天保４（1833）
天保10（1839）
天保11（1840）
弘化２（1845）
弘化４（1847）
嘉永５（1852）
嘉永６（1853）
嘉永７（1854）
安政２（1855）
安政３（1856）
安政４（1857）
安政６（1859）
万延元（1860）
文久元（1861）
文久２（1862）
文久３（1863）
元治元（1864）
慶応元（1865）
慶応２（1866）
慶応３（1867）
明治２（1869）
明治３（1870）
明治４（1871）
明治13（1880）
明治14（1881）
明治15（1882）
鋼
銑
鉧

図51　菅谷鈩の生産高

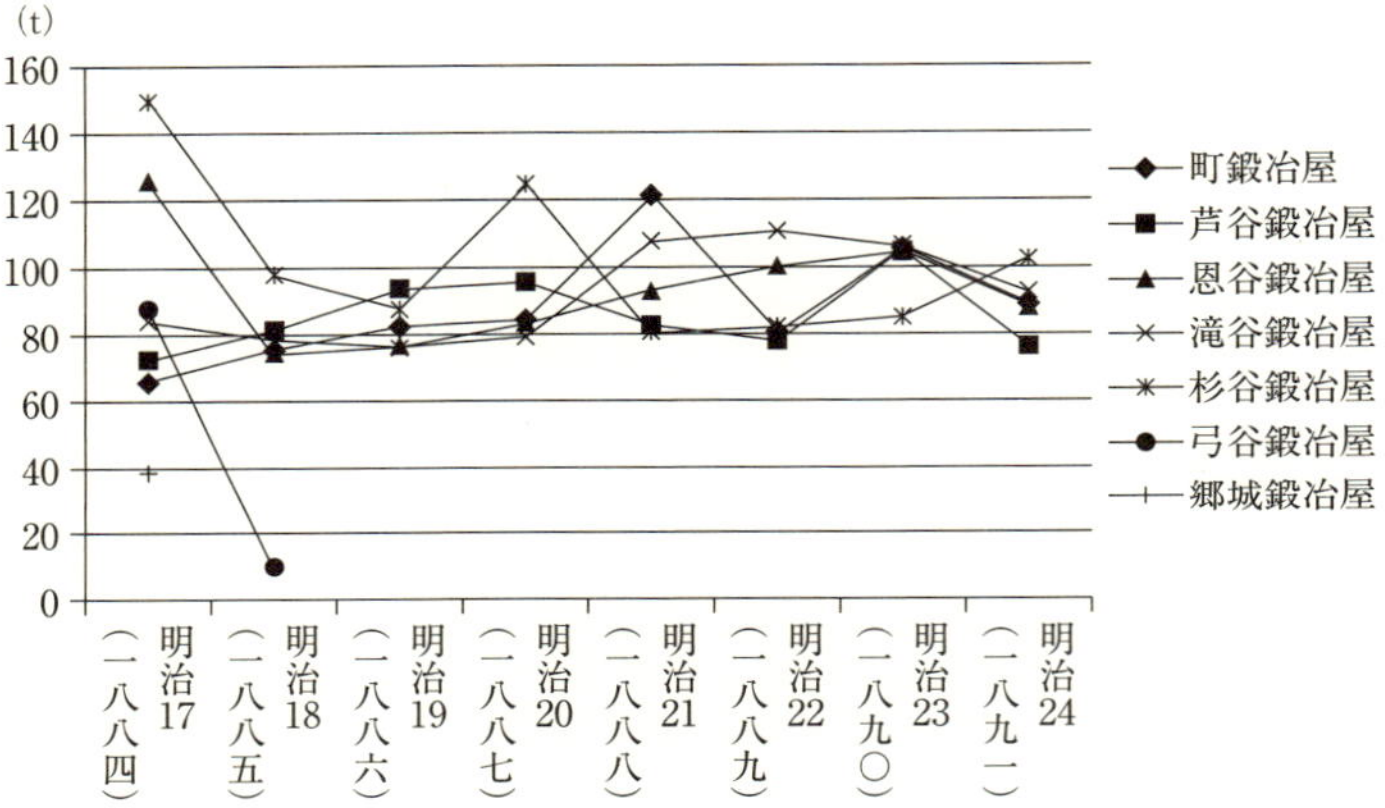

図52　田部家大鍛冶場の生産高

鉄の年間生産高は八〇〜一〇〇トン前後であった（図52）。

製造された錬鉄は、再び菅谷鈩に集められ、鋼とともに馬で粟谷中場（島根県雲南市三刀屋町）へと送られた。中場とは、原料や製品の輸送に必要な中継拠点である。『先大津阿川村山砂鉄洗取之図』でも船着場に設けられた中場小屋から割鉄を船に積み込み、船から降ろされた砂鉄が中場小屋の砂鉄置場に運び込まれる様子が描かれている（図53）。

粟谷中場は、斐伊《ひい》川の支流である三刀屋川の川港に設けられた中継拠点であり、事務所のほか倉庫二棟と砂鉄置場が置かれた。鉄は、馬から川船に積み替えられ、斐伊川を下って宇龍（同出雲市大社町）など廻船の寄港地へと運ばれ

（上）船から砂鉄が降ろされ，中場小屋の砂鉄置場に運ばれる．中場小屋からは割鉄が船に積み込まれている．（下）上の部分拡大

図53　中場小屋と船着場（東京大学工学・情報理工学図書館工３号館図書室提供）

た。また、馬は帰り荷として粟谷や熊谷で採取された川砂鉄を中場で載せ、鈩へ戻った。粟谷中場は、まさに陸路と水路の結節点であり、田部家の鉄流通において大きな役割を果たしたのである。

たたら製鉄の多様性

海と山のたたらを経営した田儀櫻井家

田儀櫻井家は、仁多郡櫻井家の分家で、出雲神門《かんど》郡奥田儀村（島根県出雲市多伎町）に本宅と宮本鍛冶屋を置いて拠点とした。当初、田儀櫻井家は、山間部の神戸《かんど》川流域でたたら経営を行っていた。神門郡吉野村（同佐田町）吉野鈩は、元禄七年（一六九四）の創業で、生産された鉄はほとんどが宮本鍛冶屋に送られ、割鉄に仕上げられている。明和八年（一七七一）に開設された同郡上橋波《かみはしなみ》村（同）檀原《だんばら》鈩は、上橋波鍛冶屋を伴っており、鈩に近いところでも大鍛冶が行われた。これ以後、鈩に隣接する地点にも大鍛冶場が置かれ、宮本鍛冶屋と合わせて大鍛冶場二ヵ所で割鉄が製造されるようになった。神戸川流域の鈩の稼働期間は、神門郡佐津目村（同大田市山口町）日ノ平《ひのひら》鈩が三八年と長く、檀原鈩は一四年と短いが、平均では約二二年である。鈩の近くで操業した大鍛冶場は、同郡山口村（同）奥原鍛冶屋が三六年、佐津目鍛冶屋は三年ほどで平均約一七年であった。鈩・鍛冶屋とも移転を繰り返しながら操業が続けられており、奥出雲と同様な「山のたたら」ということができる。

一方、田儀櫻井家は神戸川流域で「山のたたら」を経営しながら、一八世紀後半には田儀港に隣接する越堂《こえどう》鈩を買い受けて、「海のたたら」の経営にも乗り出す。越堂鈩は、前述のように日本海水運で砂鉄・木炭など原材料を搬入して銑鉄を生産しており、生産量の六～七割はそのまま銑《ずく》として、残りは宮本鍛冶屋で割鉄に加工して販売していた。同家は、寛政九年（一七九七）～文化八年（一八一一）までは同様に沿岸部に立地する石見安濃《あの》郡鳥井村（同大田市鳥井町）の百済《くだら》鈩も経営し、一時的ではあったが「海のたたら」を二ヵ所で操業している。

田儀櫻井家のたたら経営は、「海のたたら」と「山のたたら」を二本柱としたところに大きな特色がある（図54）。本宅と宮本鍛冶屋を、山間部の神戸川流域の鈩と鉄の積み出し港である田儀港を最短距離で結ぶ交通路に置いたのは、こうした独自のたたら経営を進める上で有利だったからであろう。田儀櫻井家は次第により収益性が高い割鉄の生産に重

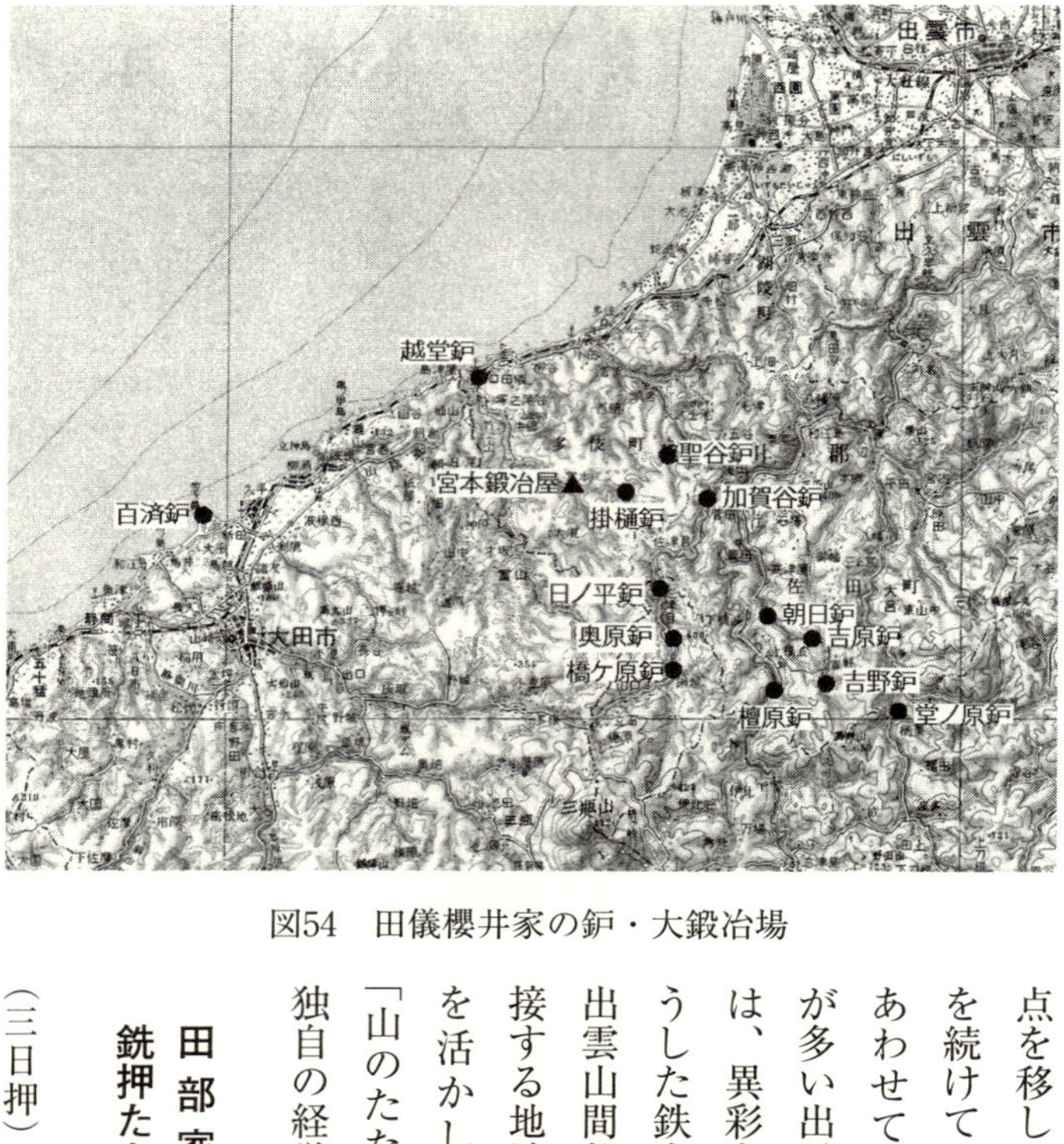

図54　田儀櫻井家の鈩・大鍛冶場

点を移しながらも、銑の生産販売を続けている。割鉄を主製品とし、あわせて鋼《はがね》・鉧《けら》を販売するものが多い出雲のたたら経営者の中では、異彩を放つ存在であった。こうした鉄生産を可能としたのは、出雲山間部から石見東部沿岸に隣接する地域に立地する地理的特性を活かして、「海のたたら」と「山のたたら」の双方を操業する独自の経営戦略だったのである。

田部家の銑押たたら

田部家が経営拠点とした菅谷《すがや》鈩では、鋼ができる鉧押《けらおし》（三日押）による操業が行われて

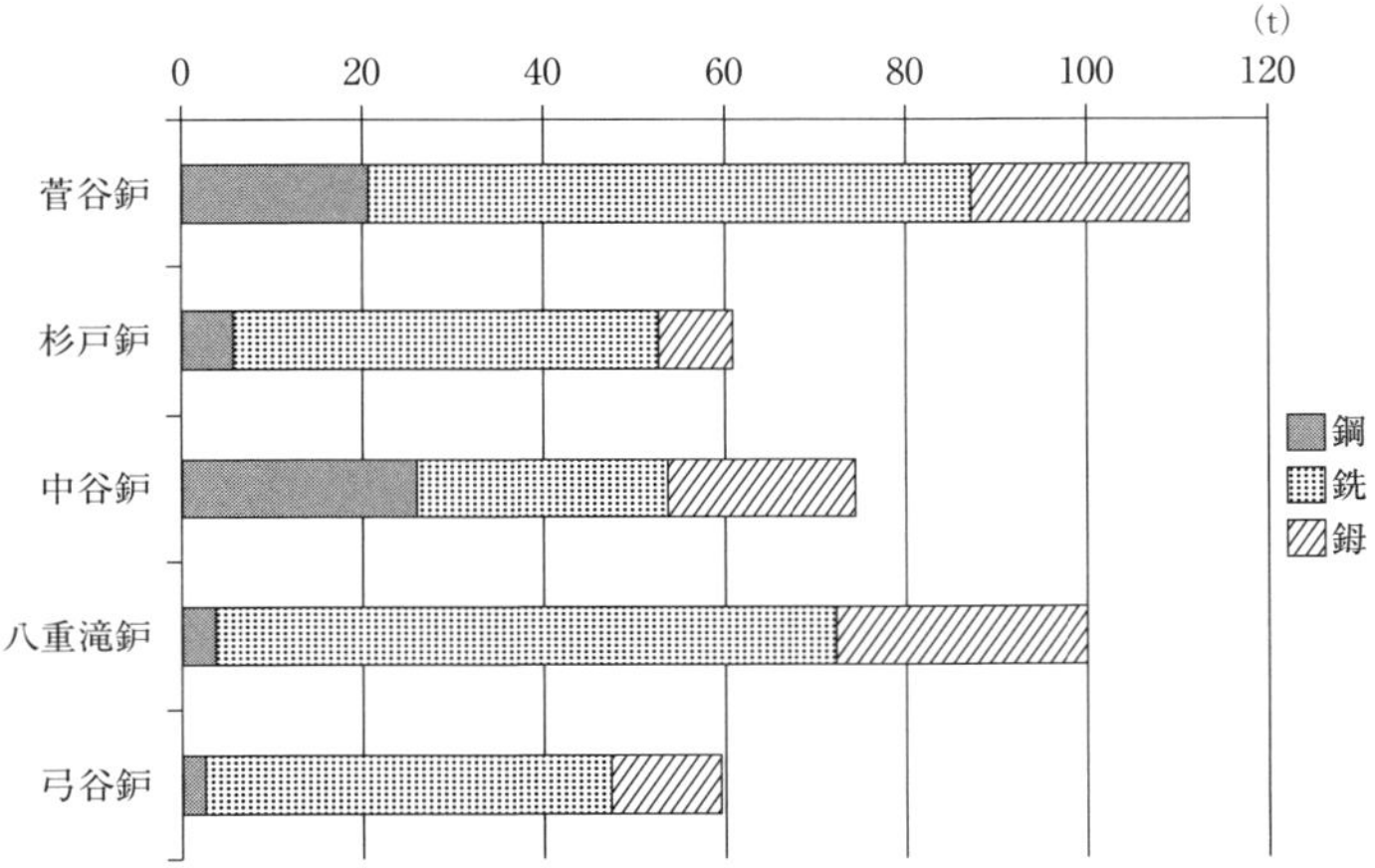

図55　田部家鈩の生産高　明治5年3月〜12月

いたことはすでに述べたが、同家が経営した鈩のすべてが鉧押であったわけではなかった。

明治五年（一八七二）の「出鉱表」によれば、当時稼働した田部家の鈩五ヵ所のうち、飯石《いいし》郡吉田村（島根県雲南市吉田町）杉戸鈩は鋼九%・銑七七%・鉧一四%、同郡入間《いるま》村（同掛合《かけや》町）八重滝《やえだき》鈩は鋼三%・銑六九%・鉧二八%、同郡志津見村（同飯石郡頓南町）弓谷《ゆんだに》鈩は鋼四%・銑七六%・鉧二〇%で、菅谷鈩と飯石郡松笠村（同雲南市掛合町）中谷鈩では鋼が二〜三割できているのと比べると、その量が著しく少ない（図55）。明治一三〜一六年の「計算表」でも、杉戸鈩は鋼が三〜一三%であり、八重滝鈩では鋼は記録されていない。田部家の鈩でも、銑押（四日押）

図56　八重滝鈩高殿と大鍛冶場（鉄の歴史村地域振興事業団提供）

で、銑鉄生産を主体とした操業が行うものがあったことがわかるが、鉧は二〜三割前後できている。

八重滝鈩は、明治時代の見取り図がある。山内《さんない》は、鈩・大鍛冶場・銅小屋・内洗場・鉄倉・炭小屋・本小屋・土蔵・長屋・金屋子《かなやご》神社などで構成されており、銅小屋と大鍛冶場があるのが特徴的である。銅小屋は、鉧が生産量の二〜三割程度できる鉧押の鈩にみられる施設であるが、八重滝鈩では銑押でも同程度の鉧が生じていることが設置の理由と考えられる。大鍛冶場は、田部家では鈩とは別に設置されたものが大半である。八重滝鈩の大鍛冶場は古写真でも確認できるので、たたら・大鍛冶山内であったことは間違いないようだ（図56：左手前）。先にみた明治五年の「出鉱表」によれば、八重滝鈩の販売額は鋼三・五二％・銑三・五％・鉧〇・〇四％に対し、割鉄は九二・九四％とそのほとんどを占めている。山内に大鍛冶場を併設し、割鉄に特化した生産をしていたことがうかがえる。

近藤家の銑押たたら

近藤家でも鉧押のたたらに加えて、銑押のたたらも経営していたことが知られる。日野郡多里村新屋《にいや》（鳥取県日南町）の新屋山鈩は、明治二二年（一八八九）～大正一〇年（一九二一）まで操業され、近代における近藤家の主力工場の一つであった。明治三四～大正五年の生産量は、二〇〇～三〇〇トン前後で推移する。その内訳は、年により変動がみられるが、銑は八九～九七％、鉧は三～一一％である。生産の中心は銑であり、鋼の生産はなく鉧は多くても一割程度しかできていない（図57）。

山内は、鈩を中心に大鍛冶場・水車・米蔵・納屋・事務所などで構成されている。鉧の生成量は少ないため、破砕施設を必要とするような厚い鉧はできなかったとみられ、銅小屋は設けられていない。銑と鉧は、そのほとんどが山内に四軒もあった大鍛冶場で庖丁鉄に加工されたようだ。明治三五～四一年における庖丁鉄の生産量は一八〇～二一〇トン前後

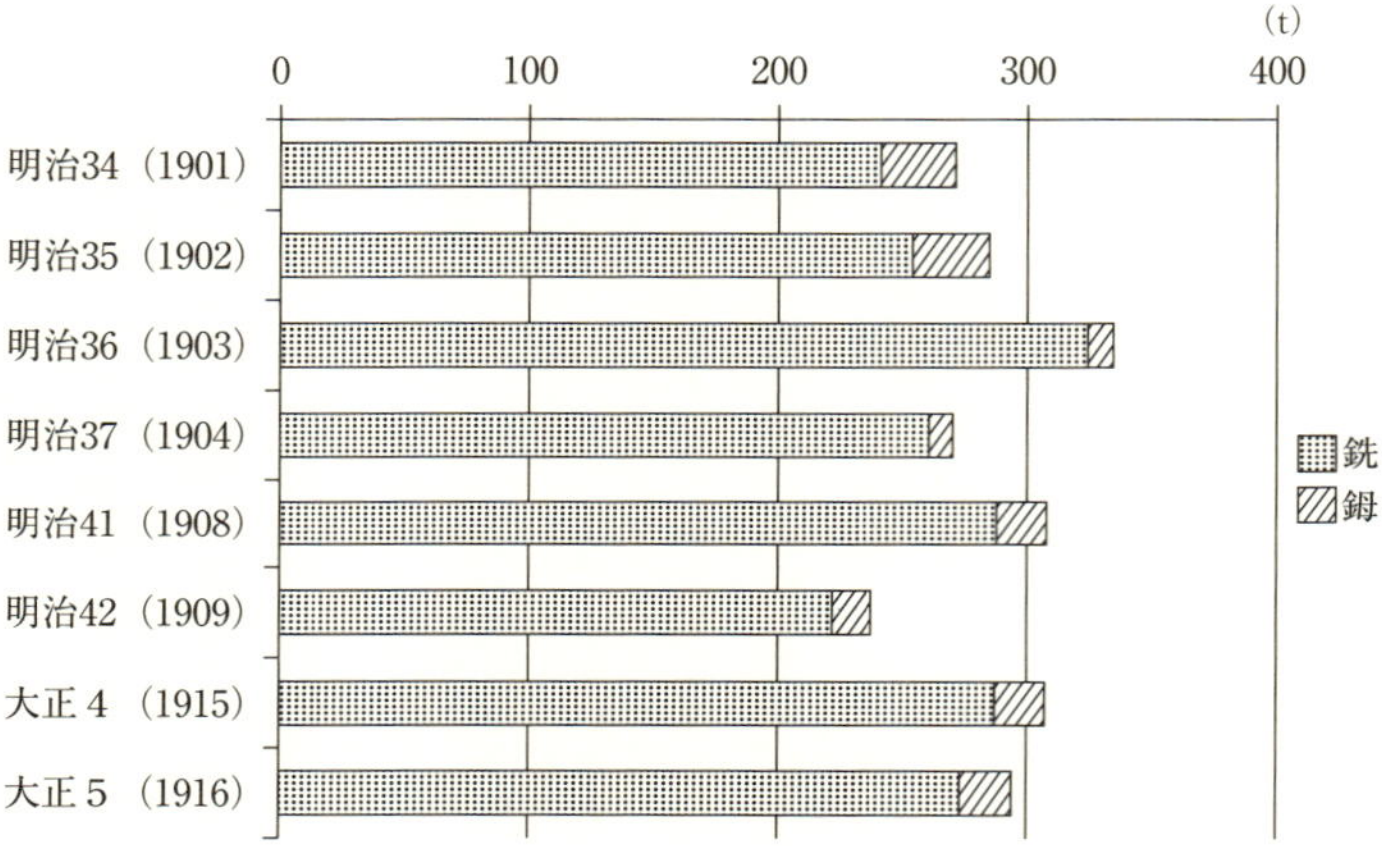

図57　新屋山鈩の生産高

で、銑・鉧の生産量六～七割弱に当たる。大鍛冶場で作られる庖丁鉄の銑・鉧に対する歩留りは六割程度であるので、生産された銑・鉧はすべて山内で庖丁鉄に加工されたとみてよかろう。

日野郡では、銑押たたらは多里村新屋から石見村神戸上《かどのかみ》（鳥取県日南町）にかけての地域に多く、新屋山鈩のほか多里村（同）出《しゅっ》立山《たつやま》鈩・福栄村（同）若杉山鈩・石見村（同）福成山鈩などが知られる。これらの鈩では、鋼の生産高は記載されておらず、銑が八～九割、鉧は一～二割弱を占めるにすぎない。近藤家の操業した鈩では、銑押一代で銑一五〇〇貫（五・六トン）・鉧一五〇貫（〇・五六トン）が産出し、銑が九割・鉧一割程度とされており、この傾向とほぼ一致する。

日野郡南部において銑押の操業が行われたのは、これらの地域では赤目《あこめ》砂鉄が産出することに起因するようだ。都合山《つごうやま》鈩の発掘調査に伴い行った砂鉄の化学分析によれば、都合谷の山砂鉄は二酸化チタン含有率一・八％の真砂《まさ》砂鉄であったのに対し、多里の下流に当たる日南町生山《しょうやま》の日野川で採集した川砂鉄は二酸化チタン含有率九・〇四％、神戸上の下流に当たる日南町中石見の川砂鉄は二酸化チタン含有率五・八八％で、ともに赤目砂鉄であることが確認された。日野郡南部の多里から神戸上は赤目砂鉄、都合山鈩以北の日野郡北部は真砂砂鉄の産出地域とみられ、こうした原料砂鉄の差が鉧押、銑押という操業内容の違いに表れている。

近藤家の効率的な割鉄(庖丁鉄)生産

出雲では、鈩と大鍛冶場は大半が別々に置かれ、たたら山内、大鍛冶山内をそれぞれ形成する。これについては、大鍛冶は技術の体系に応じた労働組織をもち、たたらとは別の社会集団を形成していたためだとする見方がある。

近藤家では、明治時代初期までは鈩に大鍛冶場を併設するたたら・大鍛冶山内のほかに、大鍛冶場が単独で立地する大鍛冶山内も少なからず存在しており、出雲仁多郡などとの共通点がないわけではない。しかしながら、一九世紀初頭からたたら・大鍛冶山内が多く見られる点や、明治一六年（一八八三）以降、大鍛冶場はすべて釿に併設され、たたら・大鍛冶山内のみが展開する点で大きく異なっている。同じ山内に釿と大鍛冶場を併設すれば、大鍛冶場へ鍛冶素材である銑・歩鉧を輸送する必要がなくなる。主製品である割鉄（庖丁鉄）の効率的な生産を進めるためには、製錬から精錬鍛冶工程までを同じ山内で行う方が良いはずであり、たたら山内への大鍛冶場の集約が意識的に進められたようだ。

近藤家の製鉄業は、安永八年（一七七九）、谷中山《たんなかやま》釿の創業を始まりとする。釿と大鍛冶場一軒で構成され、年間生産量は銑九〇トン・鉧一〇トン・割鉄六六・七トンで、割鉄は四割を占めるに留まっていた。その後、寛政一二年（一八〇〇）から稼働する谷中山釿で大鍛冶場二軒が併設されてからは、文化一四年（一八一七）の多喜山釿で三軒、文政五年（一八二二）の持ケ滝山《もちがたきやま》釿で三軒など、山内に複数の大鍛冶場を設置するものが少なからず登場しており、生産量に占める割鉄の割合が増えたとみられる。特に、明治時代には大鍛冶場は通常二軒が置かれるようになり、吉《よし》釿三軒、若杉山釿三軒、新屋山釿四軒と三〜四軒設置されたものもある。近藤家は、一九世紀初頭から割鉄（庖丁鉄）を中心とした生産を続けていたのだ。

たたら製鉄の多様性

たたら製鉄の中心的な生産施設である製鉄炉・大鍛冶場の構造には、地域を越えた共通性がある。これらは砂鉄を原料に製錬を行い、鉄素材である錬鉄（割鉄・庖丁鉄）を最も効率的に生産できる施設として、古代以来の長い技術改良の歴史を経て完成したものとなり、製鉄技術者の間で共有されたためである。

一方、たたら製鉄は、地域によって様々な「顔」をもっていた。その端的な例は、沿岸部に立地する「海のたたら」である。海上交通によって原料調達や鋳物用の銑鉄を販売するその姿は「山のたたら」とは大きく異なる。「山のたたら」は、製鉄炉の中に大きな鉧を育て、銅小屋でこれを破砕して鋼を生産したとするのが、一般的なイメージであろう。鉧押が行われた鈩では、こうした製鉄が行われていたのは事実であるが、「山のたたら」の中には銑押の鈩もかなりあった。むしろ、山陽側も含めれば多かった。そこでは鋼は生産されておらず、山内に鉧を割る銅小屋はない。つまり、たたらは、地域によって立地や生産内容に顕著な違いがあり、それに伴って生産施設の構成も異なっていたのである。ここでは、その関係を整理しておくこととしたい。

たたら製鉄の操業は、鋼ができる鉧押（三日押）と、銑鉄生産の銑押（四日押）に概括され、銑押はその多様性からさらにⅠ～Ⅲ類に分けられる。「海のたたら」・「川のたたら」では銑押Ⅰ類、「山のたたら」では銑押Ⅱ～Ⅲ類と鉧押が行われた（表3）。

銑押Ⅰ類は、鋳物用の銑鉄生産を中心に行うものである。銑の生産割合は九〇％以上、鉧は一〇％以下で、価谷《あたいだに》鈩は生産量の九三％、越堂鈩では九三～九六％が銑であった。「川のたたら」がある江の川本流沿岸は、専ら鋳物用銑鉄に特化した生産をしており、山内や周辺には大鍛冶場は立地しない（Ⅰa類）。一方、日本海沿岸に分布する「海のたたら」には、鋳物用銑鉄生産と合わせて、山内に大鍛冶場をもち、小鍛冶も行って鉄製品まで製作する鈩があった（Ⅰb類）。宅野鈩や越堂鈩では千歯が生産されていたことがわかっている。

生産施設		
高殿	大鍛冶場	銅小屋
○		
○	○	
○	○	
○	○	○
○	○	○

銑押Ⅱ類は、割鉄（庖丁鉄）製造用の銑・鉧を生産するものである。銑の生産割合は八〇～九〇％、鉧が一〇～二〇％で、銑押Ⅰ類と比べると銑の生産割合がやや低い。山内に併設された大鍛冶場や周辺にある大鍛冶場へ銑・鉧を供給し、専ら割鉄を製造しており、鈩と大鍛冶場が対になる形で操業が行われた。田儀櫻井家が経営した「山のたたら」や近藤家の銑押たたらがこれに当たる。

表3　たたら製鉄の生産内容と施設

操業方法		生産品	生産内容		
			銑	鉧	鋼
銑押(4日押)	Ⅰa	銑鉄	90% 以上	10% 以下	
	Ⅰb	銑鉄・鉄製品	90% 以上	10% 以下	
	Ⅱ	割鉄	80〜90%	10〜20%	
	Ⅲ	割鉄・鋼	70〜80%	20〜30%	10% 以下
鉧押(3日押)			40〜50%	20〜30%	20〜30%

銑押Ⅲ類は、割鉄（庖丁鉄）製造用の銑・鉧とともに少量ながら鋼も生産するものである。生産割合は、銑七〇〜八〇%、鉧二〇〜三〇%、鋼一〇%以下であった。鉧の比率が鉧押並みに高いため、鉧割りの施設である銅小屋が山内に設けられるのが特徴的である。銑・鉧を割鉄（庖丁鉄）製造用の素材として大鍛冶場へ供給する点は銑押Ⅱ類と同様であるが、製品に鋼を含むところが異なる。田部家の銑押たたらがこれに当たる。

鉧押は、一九世紀前半から行われた操業方法である。絲原家では、文政九年（一八二六）以降に四日押に加えて三日押での操業を始め、生産割合は銑四〇〜五〇%・鉧二〇〜三〇%・鋼二〇〜三〇%となった。鉧押の成立は、鋼が二〜三割程度と安定して得られるようになったこの頃に求められよう。

鉧押は、鋼ができる点が大きな特色であるが、一方で生産量の七〜八割は銑と銑であり、これらを大鍛冶場に回して割鉄（庖丁鉄）を生産した点は銑押Ⅱ類・Ⅲ類と変わりはない。また、鉧・鋼の生産割合が高いのは、製鉄炉内に生じる鉧が大きくなるためであるが、これを割るために山内に銅小屋をもつのも特徴の一つである。絲原家の史料によれば、文政元年頃に鉧の破砕施設である銅小屋が整備されたようだ。たたら製鉄の中では、鉧押は時期的にも地域的にも限られた範囲で行われた操業法であり、一九世紀以降の出雲飯石郡・仁多郡・能義郡、伯耆日野郡北部で盛行したものであった。

たたら製鉄と近代

幕末の反射炉鋳砲事業とたたら製鉄

佐賀藩による反射炉の築造

天保一〇年（一八三九）、清とイギリスとの間で戦われたアヘン戦争は、イギリスの勝利に終わる。アジアの大国である清の敗北は、当時相次いだ外国船の来航とも相俟って、欧米列強の進出に対する危機感を否応なしに高めた。オランダ・清との窓口であった長崎の警備を任されていた佐賀藩は、港への入口に当たる自藩領の伊王島（長崎市）と神島（同）に新しい洋式海防砲台群を築造することとなる。この砲台に備え付ける鉄製の対艦砲を鋳造するために導入されたのが、嘉永三年（一八五〇）に佐賀城下に築かれた築地《ついじ》反射炉（佐賀市）であった。

反射炉は、耐火煉瓦で構築された金属の熔解炉である。わが国では、金属を熔解し鋳造品を製作するためには、こしき炉と呼ばれる熔解炉が使われてきた。しかし、これでは一度に熔解できる金属の量が少なく、対艦用の大口径砲の鋳造には向かなかったために反射炉が必要とされたのである。その構造は、金属を熔かす熔解室と燃料を燃やす燃焼室が分かれているところに特色がある。燃焼室で発生した熱が、ドーム状の天井で反射して、熔解室の金属を熔かすという仕組みだ。反射炉を象徴する高い煙突は、燃焼室から流れ込む空気が熔解室を通りさらに高い煙突を上昇することで、鞴《ふいご》などを使って送風することなく、燃焼を促進するための工夫である。

築地反射炉は、炉二基を一組にした反射炉（一双）計二基（二双四炉）がL字形に配置される。反射炉の前面には、鋳坪に鋳型が据えられ、これに湯口から熔けた銑鉄を流し込んで砲身を鋳造した。当初は、砲身の鋳型に中子《なかご》を入れて中空にする「核鋳法」で鋳造され、試射の際には破裂するなどの失敗を繰り返した。嘉永五年に砲身に砲孔を穿つ錐鑚機が完成すると、中子を使わず柱状の砲身を鋳造する「実鋳法」が採られるようになり、実用化に目処がたったようだ。築地反射炉では、青銅砲三〇門、鉄製砲四八門が作られたとされる。

嘉永六年六月のペリー来航後には、佐賀藩は幕府から江戸防衛のための洋式海上砲台である品川台場に配備する大砲五〇門の鋳造を命じられる。そのために、佐賀藩は同年一〇月に公儀石飛矢《いしびや》鋳立所を新設した。これが安政元年（一八五四）に完成した多布施《たふせ》反射炉である。反射炉は、築地と同様に二双四炉が築かれたが、鋳坪を挟んで湯口が対面するようにされるなど、改良が加えられた。多布施反射炉では、公儀献上用として一〇五門を鋳造したと試算されている。

大砲鋳造用銑鉄の買い付け

反射炉で鉄製砲を鋳造するためには、銑鉄を調達する必要がある。築地反射炉では、嘉永三～五年にかけて反射炉で鉄の熔解実験を繰り返すが、その原料は石見産の銑鉄であった。佐賀藩大銃製造方であった本島藤太夫《もとじまとうだゆう》が著した『松乃落葉』によれば、第二次熔解実験では銑鉄一・二トンが使われたが、この際には「石見鉄山ノ熔工」も立ち会ったらしい。

嘉永六年一一月には、佐賀藩から石見銀山領邇摩《にま》郡大浦湊（島根県大田市五十猛《いそたけ》町）の林家に銑鉄三三トン、同郡宅野浦（同仁摩町）の藤間《とうま》家には銑鉄一四・五トンの買い付けがあり、計四七・五トンが佐賀藩領諸富《もろどみ》湊（佐賀市）へ送られた。これらの銑鉄は、林家の覚書に「御用石飛矢肥前国佐嘉表ニ而御製造用ニ相成候石見国出産之銑」とあり、幕府に献上する鉄製大砲の原料として購入されたことが明らかだ。

安政元年（一八五四）五月、安政三年四月と一〇月には、佐賀藩は銑鉄を買い付けるために藩士を石見銀山領に直接派遣した。安政三年四月の買い付けでは、佐賀藩士二名が銀山領大森代官所の役人とともに、百済鈩《くだらたたら》がある鳥井村、静間村鈩の静間村、宅野鈩の宅野村など、鋳物材料として知られる石見銑を生産する「海のたたら」がある村々を三日間で回っている。同年一〇月もほぼ同じ行程をこなしているが、このように円滑な買い付けができたのは、石見銀山領大森代官所の協力があったからにほかならない。代官所は、予め佐賀藩による大砲鋳造の趣旨を記した触書を出し、たたら経営者には銑鉄販売の協力を要請した。その上で、各村には買い付けの期間や通行経路を伝達して、通行に必要な人員の提供を求めているのである。安政三年一〇月の場合、こうして買い付けられた銑鉄・鋼は六二・九トンにのぼる。大森代官所は、銑鉄を確実に佐賀藩領諸富湊まで輸送するため、航路に当たる浦々に協力を要請する「浦触」も出した。これに対する浦から請書も残っており、銑鉄を載せた船は石見那賀郡郷田浦（島根県江津市）から島原半島、有明海を経て諸富湊へ入ったことがわかる。

石見銑を原料とした大砲は、試射の際にたびたび破裂しており、鋳砲材料としては必ずしも適してなかったようだ。西洋で大砲鋳造に使われた高炉銑は、含有する炭素量が多いねずみ銑で靭性の優れた鋳鉄であったが、和銑は炭素量が相対的に少ない白銑であり、脆くて粘り強さがなかったのである。それにも関わらず、佐賀藩による鋳砲材料としての買い付けは、嘉永三年〜安政三年まで六年に及ぶ。その量は、わかっているだけでも一〇〇《トン》を超えており、一定の評価を得ていたことがうかがえる。大橋周治は、和銑が鋳砲原料として使用できたのは、反射炉に併設された小熔解炉で再精錬を経た銑鉄が使われたからだとみている。しかしながら、安政四年四月、佐賀藩から幕府に献上され、品川台場に配備された三六《ポンド》砲二門が試射の際に破裂する事故が起きる。これは、石見銑で鋳造された大砲の信頼性を損なうものであった。安政六年の一五〇《ポンド》砲鋳造の原料には、軍艦電流丸にバラストとして積まれていた銑鉄、つまり洋式高炉で生産された鉄が使われることとなったのである。

薩摩藩による銑鉄の買い付け

薩摩藩は、嘉永五年（一八五二）、洋式高炉・反射炉をはじめ、ガラス工場・蒸気機関製造所など近代工場群の整備に着手し、これを集成館と命名した。洋式工業の導入が富国強兵のための軍事分野だけでなく、幅広い産業にわたって行われたのは、集成館が殖産興業を目的とするパイロットプラントでもあったことを示している。

反射炉による鉄製砲の鋳造事業は、佐賀藩に続くものであったが、これに用いる銑鉄を生産するため安政元年（一八五四）には洋式高炉が造られた。日向吉田（宮崎県えびの市）の鉄鉱石を石炭・木炭で製錬し、日産七〇〇キロ程度の生産もあったとされるが、安定操業には至らなかったようだ。大島高任《おおしまたかとう》が、盛岡藩閉伊《へい》郡（岩手県釜石市）の大橋高炉においてわが国で初めて洋式高炉で連続出銑し、工業化に成功する三年前のことである。

反射炉は、三基が築造された。嘉永六年には一号炉が完成したが、炉本体が傾き、耐火煉瓦にも問題があったため、ほとんど操業できないまま撤去された。二号炉は、一号炉を教訓に石垣で土台を造るなどの改良が加えられて安政三年に完成しており、翌年には鉄製砲の鋳造にも成功した。二号炉は、文久三年（一八六三）の薩英戦争により破壊されるが、それまでに鋳造した鉄製砲は五八門であったとの推定がある。

薩摩藩の集成館事業では、洋式高炉による製鉄はうまくいかなかったが、反射炉による大砲の鋳造は一定の成功を収めたようだ。では、反射炉で鋳造原料として使われた銑鉄を、薩摩藩はどこから入手したのだろうか。これを考える上で興味深い史料が、石見邑智郡矢上村（島根県邑南町）のたたら経営者であった三宅家に残っている。同家文書「御請申上奉る口上覚」によれば、薩摩藩から銑鉄の買い付けがあり、江《ごう》の川流域の渡り村（同江津市桜江町）福富屋道四郎が仲介し、三宅家は銑鉄五万駄を納め、以後一〇年間の販売契約を結んだ。そして、文久元・二年には計四回にわたり、実際に銑鉄二一〇トンを販売したことが確認できる。銑鉄は、邑智郡から江の川を下り、江津から薩摩藩へと輸送されたようだ。

三宅家によって薩摩藩へ販売された銑鉄が、どのように使われたのかは明らかになっていない。しかしながら、前述した佐賀藩を上回る大量の銑鉄が買い付けられていること、文久元年と二年は集成館反射炉の操業が本格化していること、そして、薩英戦争による反射炉の破壊以前であることからすれば、集成館における反射炉鋳砲事業に使われた可能性も考えられよう。

幕末における石見系たたらの伝播

たたら製鉄技術の広がり

江戸時代、たたら製鉄の技術は、各地に伝えられた。東北は、中国地方と並ぶ製鉄地域であるが、一七世紀後半にはそのたたら製鉄技術を導入したようだ。元禄六年（一六九三）の盛岡藩久慈内山口村（岩手県久慈市）の史料には、「江戸江嶋屋清兵衛と申者、出雲鉄吹様存候者召連参候、鉄之ふき様出雲同様ニ御座候へハ」とあり、出雲のたたら製鉄技術がもたらされている。一八世紀中頃と時期は史料より下るが、江川鉄山跡（岩手県岩泉町）では、本床《ほんどこ》と小舟《こぶね》を備えた製鉄炉地下構造が確認されており、たたら製鉄の技術が東北に伝えられたことは確かである。

四国の土佐藩でも、一七世紀半ばに備前の職人を招くなどして製鉄が試みられたが失敗に終わった。柏尾山鉄山（高知市春野町）では、寛保元年（一七四一）、石見・但馬の職人が銑の生産に成功したが、翌年廃止となっている。寛保三年には、佐岡鉄山（高知県四万十市）が、石見の職人を招請し操業した。本床・小舟よりなる製鉄炉地下構造が確認されており、その構造は高床型Ⅱa類で石見東部沿岸に類似する。付近には、石州鳥井村（島根県大田市）出身者であることを記した墓碑があり、たたらとの関係がうかがわれる。森沢鉄山（四万十市）は、文化一四年（一八一七）には土佐藩営として開業したもので、文政一二年（一八二九）頃まで存続したらしい。石見の職人二〇人ほどを雇い入れ、鉧場・鍛冶場・砂鉄置場などがあった。原料は、土佐清水市以布利《いぶり》、四万十市金ヶ浜などの浜砂鉄が使われたことがわかっている。

北陸越中の富山藩では、野積谷《のづみだに》鉄山（富山市八尾町）で一七世紀半ばに操業が行われていた。この際の経緯は明らかでないが、宝永二年（一七〇五）に同鉧を再開した際には、但馬七美郡（兵庫県香美町）八木尾鉄山の山師が仲介して、但馬の職人を招請した。文化四年には、東金屋鉄山（富山県滑川市）が開設される。越中売薬商人の小出屋嘉助が海岸の浜砂鉄に注目し、行商先であった伯耆の職人を雇い入れたのが始まりであった。鉧のほか、本小屋・大鍛冶場・砂鉄洗場などがあり、地元の浜砂鉄に加えて石見浜田藩日脚《ひなし》の薬《くすり》小鉄《こがね》を使い四日押で操業したという。本床・小舟よりなる製鉄炉地下構造が明らかになっており、たたら製鉄技術が移転されたことは確かである。

信濃の幕府領、茂来山《もらいさん》鉄山（長野県佐久穂町）は、嘉永四年（一八五一）～文久二年（一八六二）まで操業された。その契機となったのは、嘉永元年に茂来山で発見された鉄鉱石の鉱床で、近国に製鉄技術者がいなかったため大坂で鉄問屋を営む近藤家に依頼して伯耆の技術者を招聘したことが知られる。発掘調査によって、高殿鈩《たかどの》と大鍛冶場推定地が明らかになった。製鉄炉の地下構造は、本床と小舟よりなり、本床と小舟底面の高さがほぼ同一面に構築される同床型《どうとこ》であることなどから、伯耆の高殿鈩との共通性もうかがえる。茂来山鉄山は、本来、砂鉄を製錬するたたら製鉄の技術を鉄鉱石に応用したものであった。なお、たたら製鉄で鉄鉱石を原料とした例は、嘉永六年に操業を始めた上手岡《かみておか》鉄山（滝川製鉄遺跡：福島県富岡町）でも知られる。これは盛岡藩の職人を招いて操業されており、東北で在地化したその技術が使われたようだ。

これらの事例から、砂鉄・鉄鉱石が産出する地域では、一七世紀末～一九世紀にかけて中国地方各地の職人を雇い入れて、たたら製鉄を行ったことがわかる。

長門の石見系たたら

長門では、たたら製鉄が一七世紀末頃から行われていた。しかし、経営的には安定しなかったようで、元禄五年（一六九二）に開設された黒ぬた鈩（山口県萩市）は、石見三隅湊（島根県浜田市）の竹屋から砂鉄を購入して操業したが、稼働期間は四年ほどであった。

一八世紀代には大板山鈩（山口県萩市）、白須《しらす》鈩（同阿武町）が開設され、幕末まで断続的に操業が行われる。たたら経営には、石見三隅湊竹屋、石見青原村（島根県津和野町）紙屋伊三郎や原田勘四郎らが関わり、石見の職人により操業された。文化年間（一八〇四～一八）、大板山鈩での二回目の操業は、原田勘四郎が行っており、仕入元方は竹屋で、津和野領井野村（島根県浜田市）の砂鉄を船で輸送して原料とした。大板山鈩は「石州五ヵ所流鉄山」の一つに数えられており、浜田藩領鍋石村（同）一ノ瀬鈩が移転する形で操業されている。長門では、地理的な近さもあって石見西部の経営者が資本や技術を持ち込んで、たたら経営が進められたようだ。一方、萩藩は一九世紀代には領内産鉄の買い上げや資金提供などを通して、たたら製鉄に積極的な関わりをみせるようになり、藩営化の動きを強めた。逼迫した藩財政を補うためであったとされている。

幕末の安政二年（一八五五）に大板山鈩は大葉山鈩と名を改め、石見銀山領の那賀郡渡津村（島根県江津市渡津町）原屋（高原）竹五郎によって操業される。原屋竹五郎は、天保一四年（一八四三）に出雲の金屋子《かなやご》神社本社参道沿いの町石を「石𠮷《せきしゅう》渡津村　原屋竹五郎」として寄進しており、石見でも鈩を経営していたようだ。大板山鈩は発掘調査によって、高殿・鉄池・砂鉄洗場・元小屋が明らかになっており、付近には山内集落や墓地もあった。このうち、高殿は、平面形が長方形をした長打《ながうち》であること、小鉄町に砂鉄焙焼炉をもつことなど、価谷《あたいだに》鈩をはじめとした石見のたたらに共通する特色がみられる。生産された鉄は、安政三年には萩藩が建造した軍艦丙辰丸の碇・船具・釘の用材として使われ、文久三年（一八六三）には産鉄のすべてを藩が買い上げることとなった。

白須鈩は、五回にわたって稼働した。文化一四年（一八一七）～文政一一年（一八二八）の四回目の操業時の様子は、たたら絵巻として知られる『先大津阿川村山砂鉄洗取之図』に描かれている。生産された鉄は藩がすべて買い上げており、「白須山御鑪鉄」などと呼ばれた。五回目の操業は、安政三年に石見銀山領日原村（島根県津和野町）の水津（大和屋）弥七が始めたが、文久三年に「御国産製鉄所」となり藩営とされた。同年、艦船製造方の要請で産鉄を藩に納め、慶応元年（一八六五）には長州藩の軍制改革を進めた大村益次郎が白須鈩を訪れている。この時期、藩がたたらを統制下に置くのは、軍事用鉄材の確保を図るためであったようだ。

筑前の石見系たたら

福岡藩では、幕末に藩営鉄山が三ヵ所に設置された。犬鳴《いぬなき》鉄山（福岡県宮若市）、真名子《まなご》鉄山（同北九州市）・渡鉄山（同福津市）である。

このうち、犬鳴鉄山では、安政元年（一八五四）に石見の職人を雇い入れて操業を始めている。「犬鳴鉄山由来書」によれば、大鑪屋館（高殿）・大鍛冶場・鉄山奉行役所・役所方詰方役所・番所があり、宗像郡福間・津屋崎（同福津市）の浜砂鉄を運び込んで製鉄を行ったという。発掘調査では高殿鉧・鉄池・大鍛冶場二軒が明らかになった。高殿の製鉄炉地下構造は、本床底面が小舟天井付近の高さにある高床型Ⅱａ類で、本床の両側にある小舟を繋ぐ小通炎孔（火渡し）が見られる点などは『金屋子縁記抄《かなやごえんぎしょう》』にも通じることから石見東部との関連がうかがえる（図58）。犬鳴鉄山の大鑪屋館（高殿）は、安政四年に真名子鉄山へ場所替えとなり、真名子鉄山で生産された銑鉄は犬鳴鉄山の大鍛冶場まで運ばれて精錬が行われ、錬鉄が作られた。元治元年（一八六四）には、犬鳴鉄山では施設のすべてが廃止となるが、これは付近に外国船襲来に備えて藩主の逃げ城となる御別館が建設されたためであった。

真名子鉄山は、安政二年に建設が行われ、翌年には操業が始まったとみられる。発掘により高殿の製鉄炉地下構造と砂鉄洗場に関連する水路が確認されているが、部分的な調査が行われたのみであり、その状況は不明な点が多い。真名子鉄山は、慶応四年（一八六八）に閉鎖されたが、職人は唐津（佐賀県）の鉄山に移ったようだ。その際の史料には、石見銀山領那賀郡三原村（島根県川本町）嘉平、同浅利村（同江津市）利右衛門とその家族

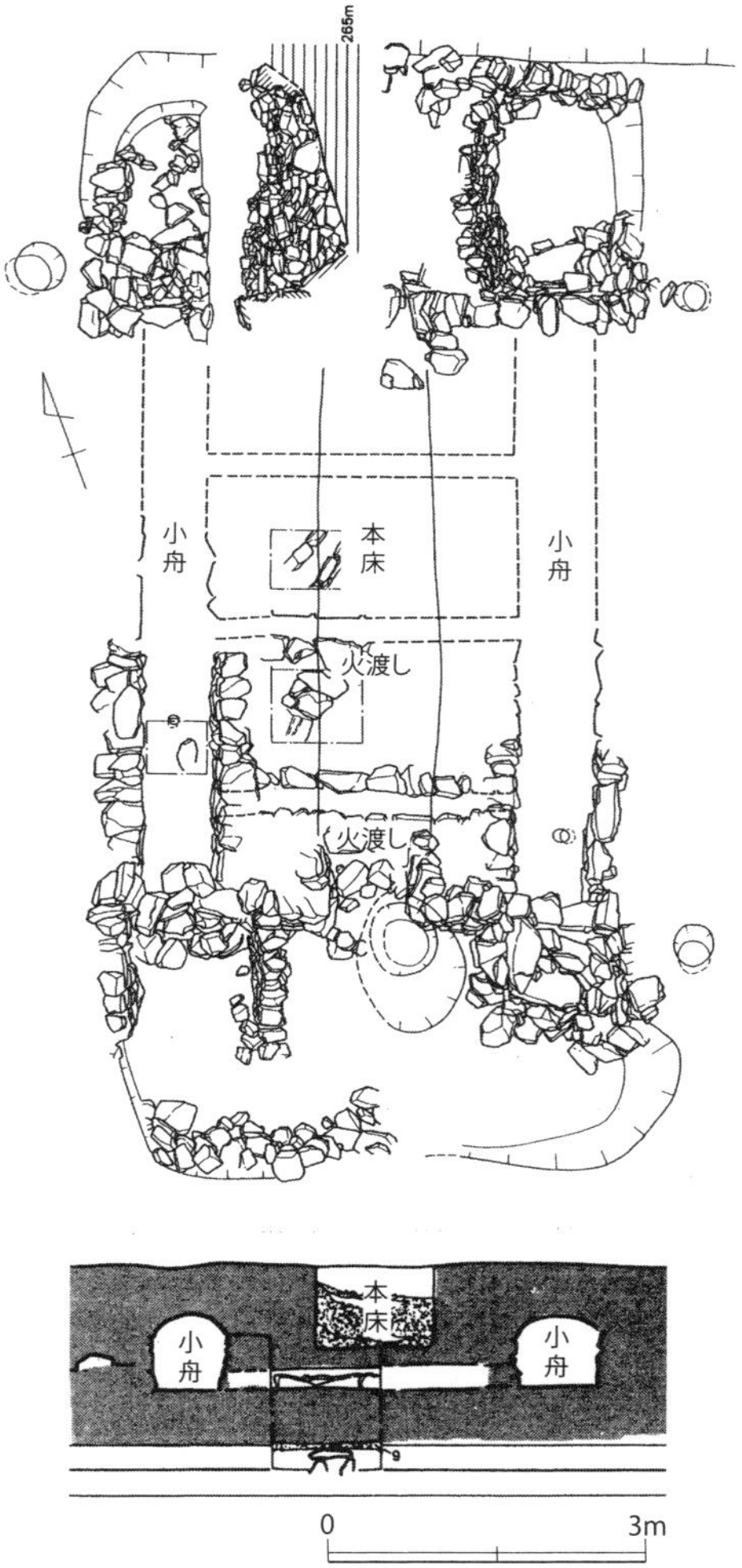

図58　犬鳴鉄山の製鉄炉地下構造

の名がある。このうち、利右衛門は「犬鳴鉄山由来書」に「鉄砂吹立方」とある村下《むらげ》で、彼が最初に福岡藩にやって来たのは安政元年の犬鳴鉄山開設の時であったらしい。利右衛門は藤川と名乗り、山陰や筑前の砂鉄産地や製鉄炉地下構造や高殿・製鉄用具を記録した「岩見《ママ》国鉄砂山、鈩床張次第、御国鉄砂有所」を書き残している。

肥後の石見系たたら

熊本藩領の八代鉄山（熊本県八代市）では、嘉永二年（一八四九）～明治一〇年（一八七七）頃まで石見の職人によって操業が行われた。付近にある法讃寺の過去帳には、たたら関係の職名として山配《やまはい》・村下・炭山・灰山・鍛屋がみえる。その副書には、山内を取り仕切る山配以外は石見の出身とあり、石見銀山領邑智郡大貫村・川下村（江津市桜江町）から家族と一緒に八代鉄山に入ったようだ。

発掘調査では、高殿鈩や砂鉄置場などが確認されている。高殿で確認された製鉄炉地下構造は、本床と小舟よりなり、本床底面が小舟底面より高い高床型とみられる。本床の一方の短辺には、銑鉄を流し取るための湯溜りが備えられていた。八代鉄山の鉄を売買したとされる平岡家には、長崎方面に割鉄などを売買した仕切状が残り、法讃寺の過去帳に「鍛屋」が職名としてみえることなどから、大鍛冶場があり割鉄の生産までが行われたようだ。また、産鉄の一部は刀の製作にも使われており、「八代以鋧鉄作之　文久元年十一月吉日」など、八代鉄山との関わりを示す銘をもつ刀が複数知られている。

一方、八代鉄山の職人は、飫肥《おび》藩の岩下鉄山（宮崎県宮崎市）でも操業したらしい。飫肥藩は、岩下鉄山を開設するにあたり、備後奴可《ぬか》郡久代村（広島県庄原市）永久山鈩の遠藤伴右衛門をはじめ、手代・山配・村下・炭焚《すみたき》・番子を雇い入れた。操業は、安政元年（一八五四）春に始められたが、原料が浜砂鉄であったため不調だったようで、十月には一旦、休山と決まっている。その善後策として職人を代えることが考えられ、史料には「幸ニ肥後ノ八代ニ此十余年来ノ取立アリ巧者ナル職人モ居ル由ナレハ其職人ヲ雇ヒ来リテ今一タビ試ミ」とあることから、八代鉄山の職人が招請されたようだ。その後の状況は不明だが、安政四年まで岩下鉄山は存続しているので、操業状況は改善したらしい。

幕末における石見系たたらの伝播

幕末の九州では、この他に佐賀藩の祐造坊《ゆうぞうぼう》鈩（佐賀県伊万里市）、薩摩藩の帖佐《ちょうさ》鍋倉《なべくら》製鉄所（鋼山製鉄所：鹿児島県姶良市）対馬藩の浜玉鉄山（佐賀県唐津市）が知られている。祐造坊鈩は、安政四年頃に建設されたもので、「伊万里御用鉄山役所」という印が伝わることから、佐賀藩の関与があったようだ。史料には「鉄製吹場被相建候処、職人之儀当分之処巧者之者共旅方より雇入相成候」とあり、他藩から職人を雇い入れたことがわかる。帖佐鍋倉製鉄所は安政元年、浜玉鉄山は安政六年に設けられており、前者は伯耆、後者は石見の職人が雇用された記録がある。

以上述べたように、幕末には中国地方の職人が故郷を離れて、各地でたたら製鉄を行っていた。職人は石見、特に石見銀山領の出身者が多いことが注目されるが、大森代官所が天保一五年（一八四四）に出した布告には、「近頃薩州者之由鉄山職人雇入と申し多分之金銀を遣し買切同様之手段ヲ以て郡中を徘徊いたし、心得違之者ハ手先亦者世話人等ニ相成り差働き候由、以之外不埒至極之事ニ候。他国出稼之者共も引戻し帰郷致さす可き旨之御触もこれ有り、申渡し置き候義ニ而（以下略）」とある。これは鉄山職人の他藩への出稼ぎを禁じ、離村者を帰郷させようとしたものだが、銀山領では優秀な製鉄技術をもつ職人が勧誘されることが少なくなかったことを示している。この時期、銀山領のたたらは経営不振に陥っていたとされ、農村も過剰人口を抱えていたことから、鉄山職人の出稼ぎは必然であった。また、規模の大きいたたら経営者が少なく職人の他領への転出に強い規制が働かなかったことや、九州でよく使われた浜砂鉄の製錬に慣れ効率的に操業できる技術をもっていたことなども、その背景として考えられよう。

たたら製鉄と海軍需要

明治時代の鉄生産動向

たたら製鉄は、幕末には軍事的な緊張を背景とした鉄価格の急騰により絶頂期に達した。しかし、明治時代に入って安価な洋鉄が多量に輸入されるようになったことや、国内で洋式高炉による生産が安定することによって次第に斜陽化する。

明治一〇年（一八七七）の鉄鋼輸入量は一万六二九〇トン、国内の鉄生産量は八二一六トンで、総需要に占める国産鉄の割合は三四％であった。明治二〇年には、国産鉄は一万六三六三トンと生産量を大きく伸ばすが、鉄鋼輸入量は六万六五一一トンと増え、その割合は一九％と相対的に低下する。総需要に対する国産鉄の割合は、明治二五年までは二〇％前後を維持するが、それ以後は漸減し一〇%を下回るようになる。その理由の一つは、国産鉄が輸入鉄に対し割高であったことだ。鉄類の価格は、明治一二〜一七年の平均で、銑鉄が一トンあたり国産鉄三三・八五円に対し、輸入鉄一六・二円、錬鉄・鋼材は七三・六円に対し四〇・九円で、二倍程度の開きがあった。もう一つの理由は、レールや管鉄など国内では生産できなかった製品の輸入が増えたこともあったようだ。

国内における洋式高炉による製鉄は、官営釜石鉱山（岩手県釜石市）、官営中小坂鉱山（群馬県下仁田町）などで取り組まれたが、順調には進まなかった。官営釜石鉱山は、イギリスから熔鉱炉と付属機械を取り寄せて明治一三年に操業を始めたものの、高炉内で銑鉄が固まるなど不調が続き、二年後には廃業する。操業が軌道に乗るのは、施設の払い下げを受けた田中長兵衛が釜石鉱山田中製鉄所を明治二〇年に創立して以降のことであった。同鉱山は徐々に生産量を伸ばし、明治二七年には一万二七三五トンと、たたら製鉄の一万一八五九トンを超える（図59）。わが国における洋式高炉による製鉄は、安政四年（一八五七）の大島高任《おおしまたかとう》による釜石鉄山大橋高炉の操業を嚆矢とするが、国内の洋式高炉がたたら製鉄の生産を上回るには約四〇年の歳月を必要としたのだ。

こうした状況のなかで、民需を中心に鉄生産を行っていた地域では、安価な洋鉄に太刀

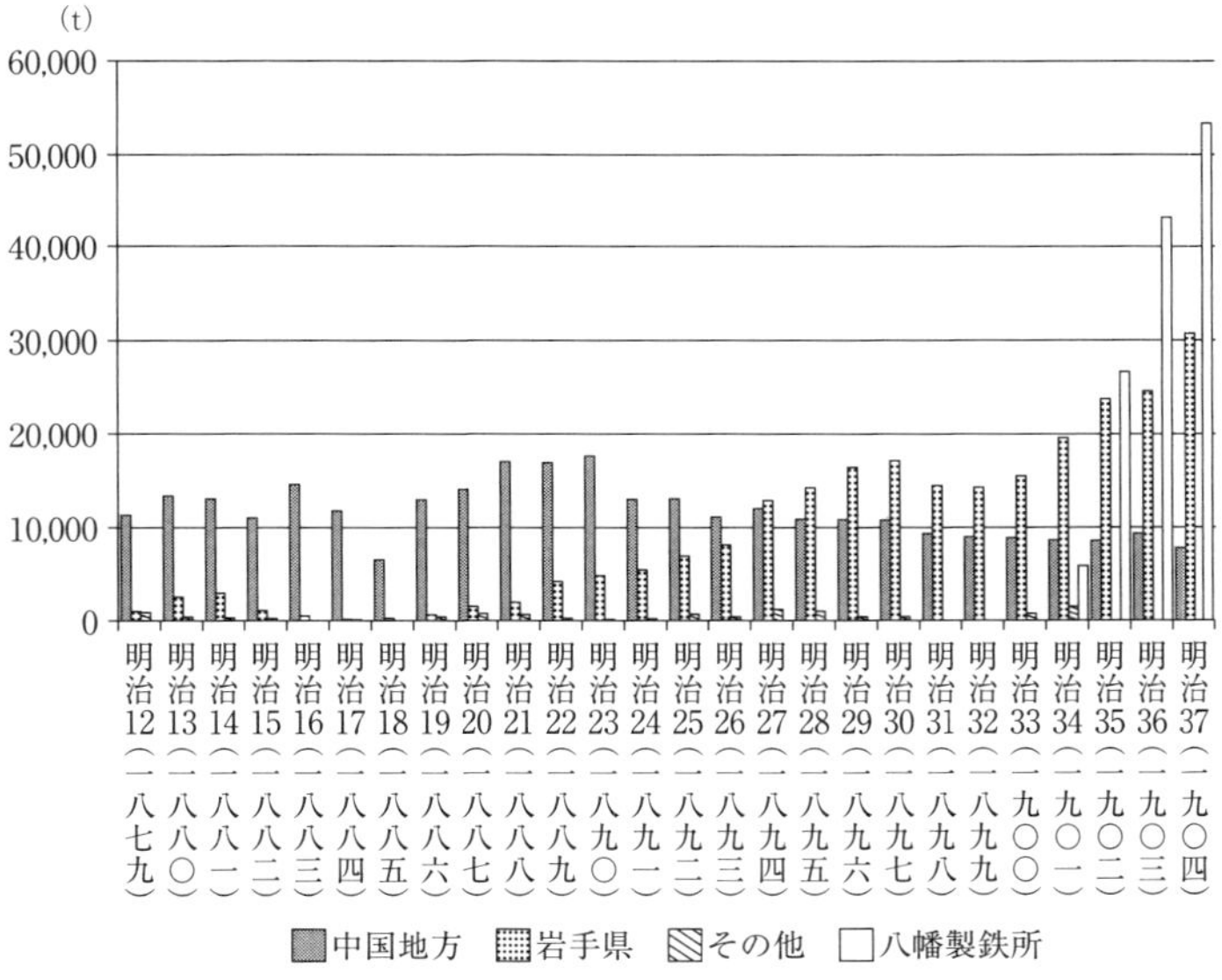

図59　明治時代鉄類の生産推移

打ちできなくなり、たたら製鉄は衰退していく。明治三〇年代頃までに兵庫県播磨地域・岡山県美作地域・広島県安芸地域、日清・日露戦間期には島根県石見西部地域や同東部沿岸部などで、たたらは姿を消した。

たたら製鉄の動力化

国内では洋式高炉による製鉄がなかなか成果を上げられないなか、依然、たたら製鉄は重要な役割を担っていた。たたら製鉄で生産される鉄は、洋鉄に対し割高であることから、生産性の向上を図りコストを削減することが大きな課題であった。その中で、人力に頼っていた送風施設・鍛冶作業の動力化や、角炉・丸炉の開発など技術改良が進められている。

近藤家が経営する鈩・大鍛冶場では、明治二〇年代前半から動力化が進められた。明治二一年（一八八八）に操業を始めた福岡山製鉄所（鳥取県伯耆町）では、大鍛冶場における鍛造作業に蒸気機関を利用した汽鎚《きづち》二基が導入され、錬鉄生産の主力工場となった。蒸気鎚による錬鉄の生産能力は、大鍛冶場八軒分に当たり、所用人員は従来の約二〇％で済むと試算されており、近藤家は錬鉄製造事業を福岡山製鉄所へ集約する構想をもっていた。送風施設の動力化は、明治二四年には大西山鈩・若杉山鈩の大鍛冶場に送風用として水車鞴が導入されたほか、新屋山鈩では鈩と大鍛冶場にトロンプ式送風機が使われるようになった。トロンプは、木製管を落下する水勢を利用した水力送風機の一種であるが、送風圧力が弱く、風が湿気を含む冷風で炉内温度を下げたため木炭を多く消費するなどの問題があった。トロンプの普及は限定的なものに留まり、送風施設は安価で送風圧力も強い水車駆動の吹差鞴《ふきさしふいご》が広がることとなる。

島根県奥出雲地域では、明治二五年に絲原家《いとはら》がトロンプを導入したのが早いが、明治三四年にはトロンプから水車駆動の吹差鞴に代えられた。田部家では明治三六年に杉谷鍛冶屋、翌三七年には杉戸鈩ほか八ヵ所で水車鞴による送風が行われている。主力工場である菅谷《すがや》鈩では、明治三九年に水車鞴が導入された。近くを流れる川辺に水車と鞴室が置かれ、埋設された土管を通って風は高殿《たかどの》へと引き込まれる。高殿へ入った土管は二方向に分岐し、製鉄炉の両側面にある天秤山（もと天秤鞴が置かれた場所）へと延びる構造である。田部家では、近藤家に先んじて銅小屋に水車を使用して鉧の破砕が行われていたことや、明治一〇年代末には官営広島鉱山と交渉があったことから、水力の利用がこれら以前に遡る可能性もある。

たたら製鉄における動力化は、福岡山製鉄所における蒸気鎚の導入のような先駆的な取り組みはあったが、燃料となる石炭の輸送経費などの問題もあり広がっていない。送風施設については、明治二〇年代にはトロンプが導入されるものの、普及しなかった。水車駆動の吹差鞴が送風施設として広がるのは、海軍需要による増産が図られた明治三〇年代後半のことであった。たたら製鉄の動力化は、生産施設全体から見ると限定的なものに留まっている。

海軍需要とたたら製鉄

日露戦争期とその直後に当たる明治三八年（一九〇五）と同三九年には、島根県能義郡・仁多郡・飯石郡・邑智郡、鳥取県日野郡、広島県比婆《ひば》郡・双三《ふたみ》郡・高田郡・山県《やまがた》郡、岡山県阿哲郡において、なお多数の鈩・大鍛冶

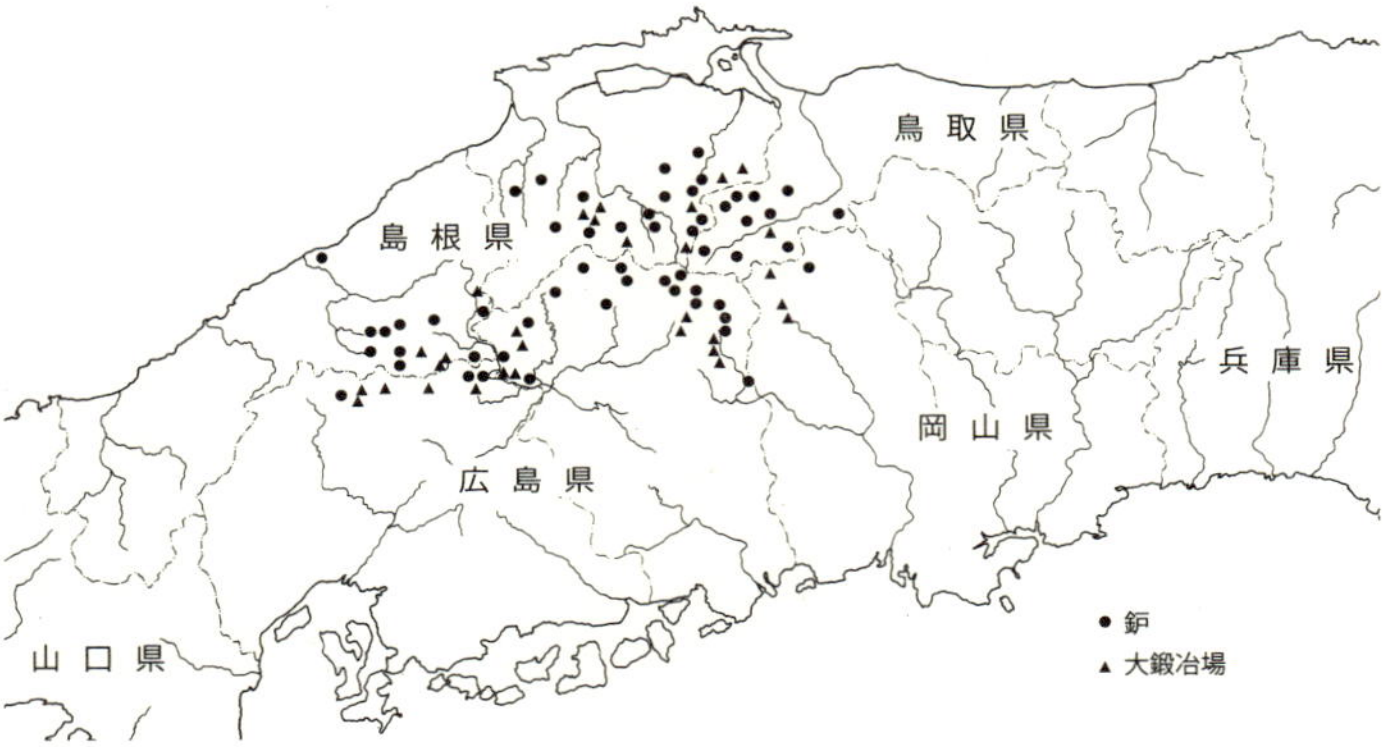

図60　明治時代後期のたたら分布

場が確認できる（図60）。これらの地域では、たたら製鉄が依然として稼働していたのだ。たたら製鉄の生産量は、一万トンを超えていた明治二〇年代には及ばないが、明治三〇年代でも八〇〇〇トン前後で維持されている（図61）。特に、江戸時代以来の大規模なたたら経営者がいる島根県飯石郡・仁多郡、鳥取県日野郡では、比較的安定した生産が続けられた。これは、呉海軍工廠などの海軍省の諸工場へ、たたら製鉄の鋼・鉧・庖丁鉄が納入されて、砲身材料・弾丸・装甲板・砲楯用の鋼を生産する坩堝《るつぼ》炉・酸性平炉の製鋼原料として用いられたためだ。

海軍省への製品納入は、明治一九〜二一年にかけて製鋼実験や兵器試作のために絲原家・田部家・近藤家が行ったのが始まりである。その後、兵器製造のための製鋼作業が盛んになるにつれ、本格的な鉄の受注が開始された。明治二八年には、櫻井・絲原・近藤の三家が売納同盟契約を取り交わしている。明治三四年に呉海軍工廠に製鋼所の建設が決定されると、翌年、これに田部家を加えた四家で「海軍用鉄材売納ニ関スル組合契約」を結んで納入量の急増に対応する体制をとり、海軍への納入割合などを取り決めた。田部家では、日露戦争時には生産される鉄の九割方が海軍省へ納められた。その大半は呉海軍工廠向けとなっており、海軍需要に大きく依存していたことがわかる。

たたら製鉄で生産される庖丁鉄や鋼は、原料である砂鉄に燐《りん》などの不純物が少なく、還元剤に木炭を用いるため硫黄《いおう》の含有量も低かった。各種兵器の素材となる特殊鋼は、燐と硫黄の含有率が〇・〇三％以下であることが求められたが、これを生産する酸性平炉は製鋼過程で燐や硫黄の除去ができなかったことから、燐や硫黄の含有率が低い庖丁鉄や鋼は、その製鋼原料として適したものであった。たたら製鉄は、特殊な製鋼原料を求めた海軍需要に応えることで命脈を保ったのである。

たたら製鉄の終焉

日露戦争の後、明治四〇年（一九〇七）頃になると、海軍は酸性平炉の原料をたたら製鉄の庖丁鉄・鋼から、品質が優れ価格の安いスウェーデン産低燐銑鉄へと転換を図る。一トンあたりの単価は、スウェーデン産低燐銑鉄が七四・五円であったのに対し、たたら鉄は一二〇円であり、品質において優位性がなければ太刀打ちできないのは当然であった。たたら経営者への海軍からの発注は減り、値下げを要求されるなど対応は厳しいものだったようだ。

たたら経営は見直しが迫られ、鈩・大鍛冶場の休廃業を進めざるをえなかったが、その中で近藤家はスウェーデン産低燐銑鉄の代用が可能な低燐銑を生産するため溜吹法を採用する。これは、製鉄炉の炉底に強い塩基性の鉄滓溜りをつくり、炉の上方から滴下する銑鉄を通過させて、含まれる燐分を熔滓に吸収させるというもので、原料には燐分の少ない真砂《まさ》砂鉄が使われた。溜吹法による銑鉄の燐含有量は、〇・〇〇二%とされ、特殊鋼の素材として十分な品質が確保できたようだ。近藤家は、鉧押《けらおし》法のたたらを、すべて溜吹法に変更しており、低燐銑鉄の製造を行うことによって海軍への鉄材納入の維持を図った。

大正三年（一九一四）、ヨーロッパを主戦場とした第一次世界大戦が勃発する。これによって同盟国への武器輸出などのために鉄需要が増大し、鉄価格は暴騰した。大戦景気がもたらされたことで、たたら製鉄は再び息を吹き返す。明治四一年以降、たたら製鉄の生産量は三六〇〇～四三〇〇トンであったが、大正五年には約七〇〇〇トンにまで回復する（図

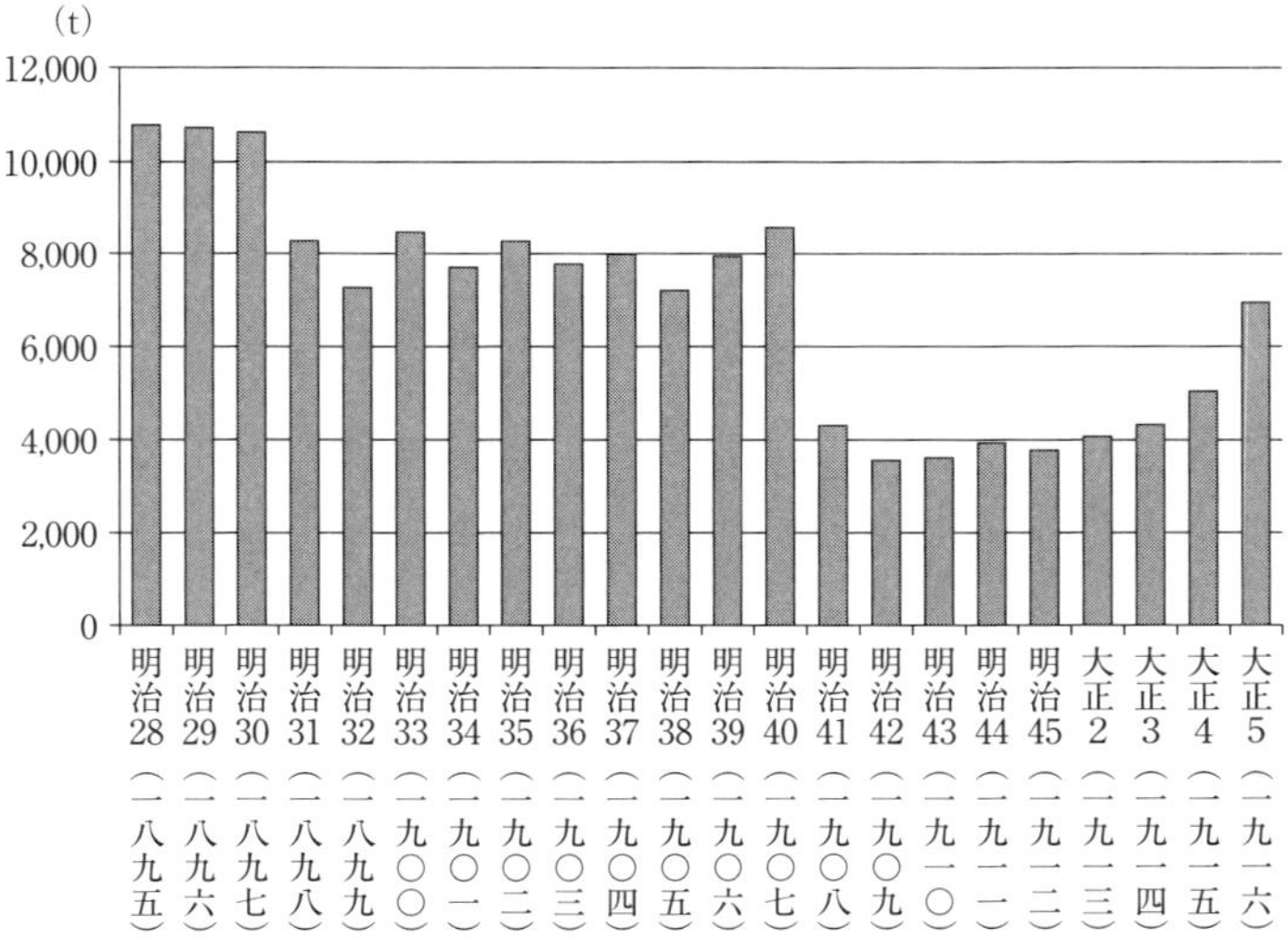

図61　中国地方のたたら製鉄生産高

61）。田部家では呉海軍工廠はもとより東京陸軍造兵廠、八幡製鉄所などから製鋼原料として鉄材の注文を受けるが、生産が追い付かず一部は断っている。前述した経営の見直しにより鈩・大鍛冶場が半減していたことも影響したようだ。しかしながら、第一次世界大戦が終結すると、銑鉄価格は大きく暴落する。大正一〇年には、ワシントン海軍軍縮条約が締結されたことにより、軍艦の建造計画が見直され、海軍の鉄材需要も激減した。これにより、最後まで残った山陰のたたら経営者も廃業を余儀なくされ、たたら製鉄の火はすべて消えることとなったのである。

角炉の開発と技術改良

官営広島鉱山による角炉の開発

官営広島鉱山は、明治時代に入り安価な洋鉄の流入によって、たたら製鉄が次第に斜陽化する中、旧藩営で行われていた広島県内の在来製鉄業を保護する目的で明治九年（一八七六）に設立された。双三《ふたみ》郡（三次市）・比婆《ひば》郡（庄原市）・山県《やまがた》郡（安芸太田町・北広島町）に所在する鈩と大鍛冶場を作業所とし、設立当初は四十余ヵ所を数えた。官営広島鉱山は、洋鉄に対し割高であった和鉄の生産性を向上させるため、人力に頼っていた送風施設の動力化や、角炉《かくろ》の開発などに取り組んだ。

角炉は、たたら製鉄の技術を基礎としながらも、洋式高炉の技術を取り入れ、炉体に耐火煉瓦を使用した製鉄炉である。その開発は、官営広島鉱山において、工部省からの派遣技術者である小花冬吉《おばなふゆきち》と黒田正暉《くろだまさてる》によって行われた。角炉は、原料としてたたら製鉄で廃棄された鉄滓《てっさい》を使用するとともに、炉体の耐久性を高めて三〜四日間であった一回の操業日数を延ばすことで、たたら製鉄に比べ採算性・生産性を改善することに成功した。しかし、導入された角炉（丸炉）は四基のみで、大部分は従来のたたら製鉄による操業が続けられていたのが実情であった。

明治三七年、官営広島鉱山は民間の米子製鋼所に払い下げられた。ちょうど、明治三四年に官営八幡製鉄所に設置された洋式高炉で安定的な操業を行うことが可能となった時期のことである（図59）。

角炉の構造

官営広島鉱山で開発された角炉には、たたら型角炉と落合型角炉がある。たたら型角炉は、たたら製鉄に使われた製鉄炉に類似し炉高を三㍍ほどの高さにしたもの、落合型角炉は落合作業所に建設された方形炉の上部に煙突を設けて高さ八㍍前後にしたものである。また、このほかに炉体が円筒形を呈する丸炉と呼ばれるものもあった。

たたら型角炉は、官営広島鉱山門平《もんぴら》作業所と同上野作業所のものが知られる。門平作業

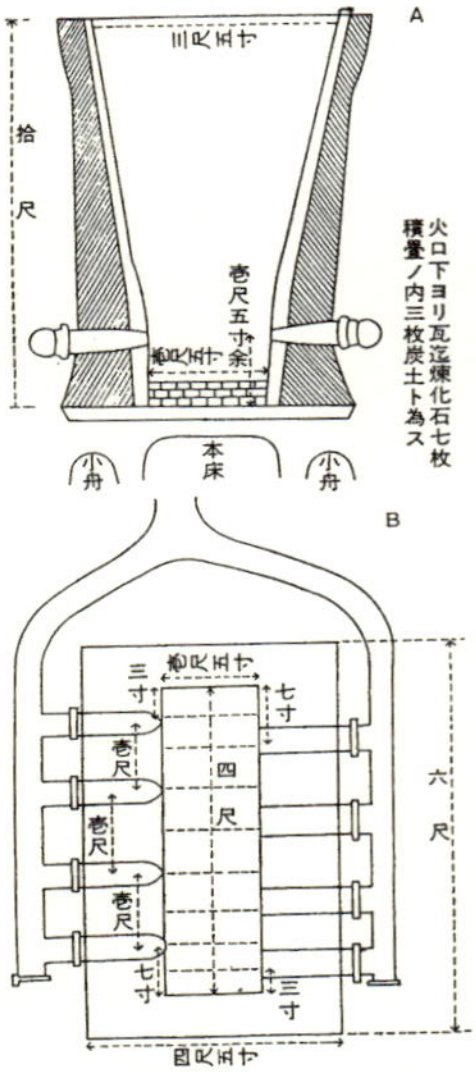

官営広島鉱山門平作業所

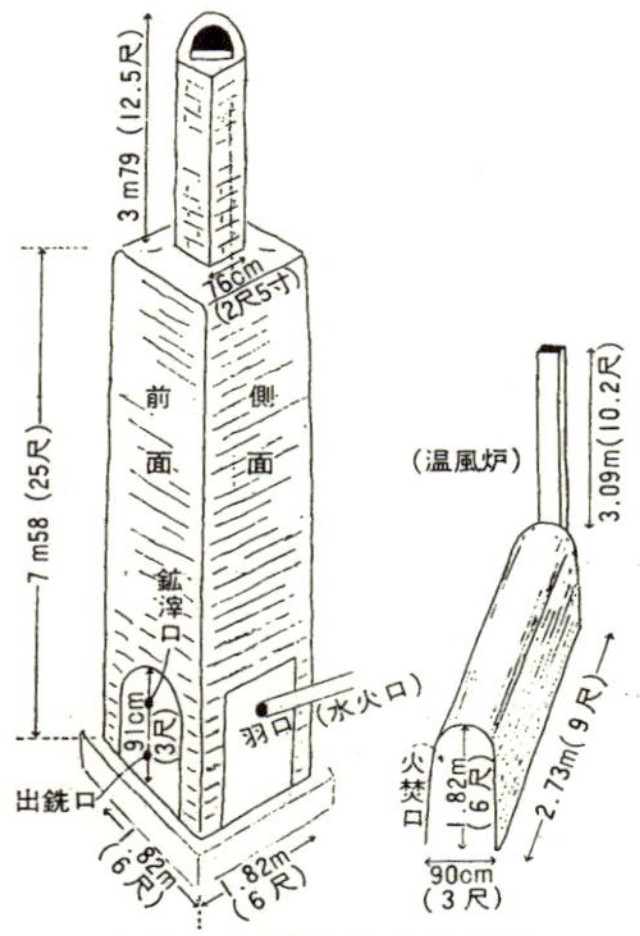

官営広島鉱山落合作業所

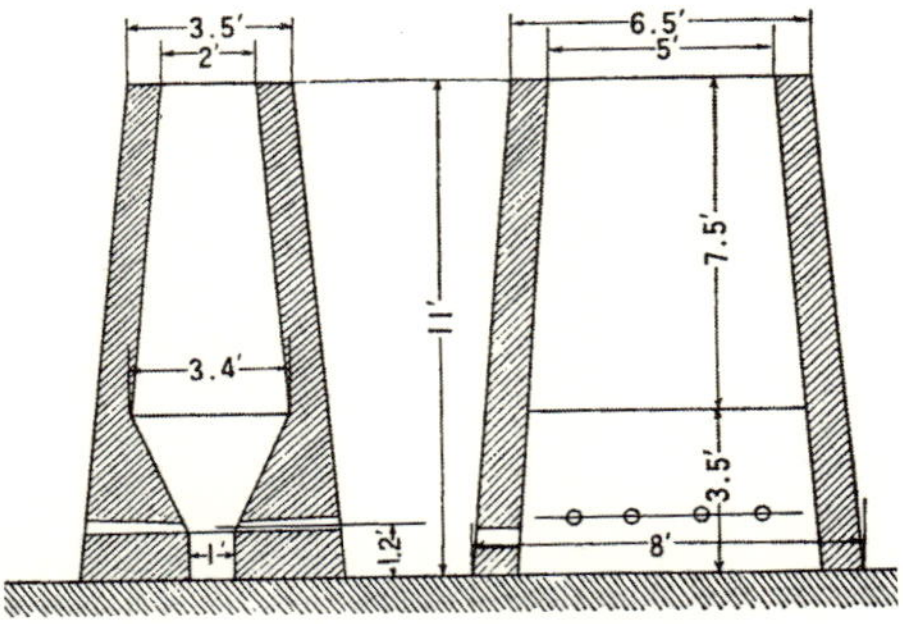

官営広島鉱山上野作業所

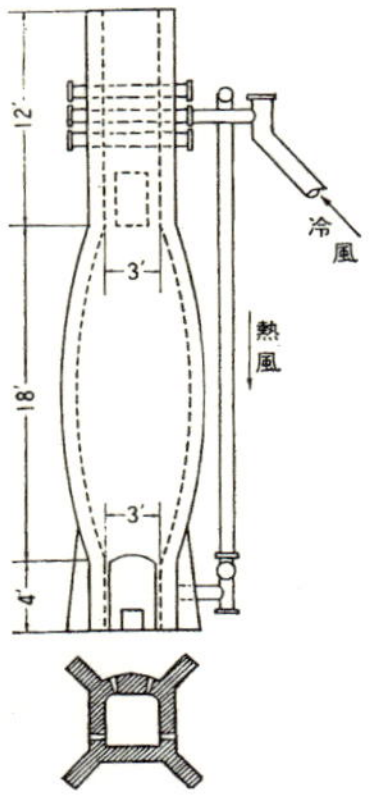

官営広島鉱山門平作業所

図62　角炉・丸炉の構造

所（図62左上：広島県庄原市西城町）の角炉は、高殿鈩《たかどのたたら》で使われた本床《ほんどこ》・小舟《こぶね》よりなる地下構造の上に築かれた。炉は、基底部で長さ一八二センチ・幅一三六センチ、高さ三〇三センチで、横断面形は上端部が外傾して広くなる。炉壁内面は煉瓦積み、外側には粘土が塗られており、鉄帯を四ヵ所に巻いて補強されていた。送風は水車鞴《ふいご》で、炉下部の両長辺には送風管四本ずつ計八本を挿入する。その配置は、両側壁の送風管が向き合わず交互になっており、炉内にまんべんなく通風できるよう配慮されている。

上野作業所（図62左下：同庄原市高野町）の角炉は、基底部で長さ二四二センチ・高さ三三三センチである。炉の横断面形は、基底部よりも上端幅が狭く内傾する。炉壁は炉高の三分の一ほどのところから基底部が厚く造られており、たたら製鉄の箱形炉を思わせる。送風施設はトロンプ二基で、送風管は炉下部の両長辺に四本ずつ計八本が設けられた。トロンプは、垂直に立てた木製管に水を落とすことにより、その上部の吸入孔から空気が吸い込まれることを利用した送風装置で、小花冬吉が欧州留学の経験から導入したものである。操業は、村下《むらげ》二名・向村下一名・炭坂《すみさか》一名・手子四名の計八名で行われた。銑鉄三七・五キロに対し、原料の鉄滓は一一二・五～一二三・八キロ、木炭二〇六・三～二一七・五キロ、石灰石一二・五キロが必要であった。日産は約一・七トンで、一五日の操業期間で銑鉄二四・七～二五・一トンが生産された。

官営広島鉱山落合作業所（図62右上：同三次市布野町）の角炉は、明治二六年に建設された。炉は基底部で一辺一八二センチの正方形、炉高は七五八センチで、その上部に高さ三七九センチの煙突が設けられる。原料の装入口は炉体のほぼ中央部にあったとみられ、基底部前面の下部に出銑孔と、上部に鉱滓排出孔をもつ。送風管は、炉体下部の両側面と後方に一本ずつ計三本が入る。水車駆動の鋳鉄製鞴からは、円形鋳鉄管一二本を二列三段に横置きにした温風炉を通して熱風が送られた。

明治二七年度は、原料の鉄滓四二三・五トン・木炭六〇一・八トン・石灰石七八・二トンを使用して銑鉄一六八トン、翌明治二八年度には、原料の鉄滓四三八・八トン・木炭五八三・二トン・石灰石七六・八トンを用いて一六四・四トンの銑鉄が生産された。銑鉄一トンあたりの生産にかかる経費は一七〜一八円で、たたら製鉄に比べれば年間生産量で四〜五倍、一トンあたりの経費では一〇円程度の削減になったとされる。連続操業日数は最長六〇日、平均二二日で、日産は〇・九〜一・七トン、平均一・三トンであった。原料の鉄滓・砂鉄に比べ木炭は一・二八倍ほど多く使われており、原料に対する銑鉄の歩留まりは四〇%である。落合作業所と同型の角炉は、官営広島鉱山では他の作業所に建設されておらず、ほかにも知られていない。

官営広島鉱山門平作業所では、角炉のほかに、炉体の中央が丸く膨らみをもつ丸炉も建設された（図62右下）。炉は、基底部で内径九〇㌢・高さ六六六㌢で、その上に原料装入口と高さ三六〇㌢の煙突を備える。送風管は炉基部の後方に二本・両側面に一本ずつの計四本で、トロンプ二基から煙突の余熱を利用した熱風が送られた。銑鉄三七・五㌔に対し、原料の鉄滓は一一六・二㌔、木炭一五七・五㌔、石灰石一七・二㌔が必要で、日産は一・五七㌧、三〇〜四〇日の連続操業が可能であったという。作業は、頭取・村下・向村下・炭坂各一名、炭焚《すみたき》四名の計八名で行われた。

出雲に導入された角炉

官営広島鉱山の払い下げ後、角炉の技術は山陰のたたら経営者に取り入れられた。その嚆矢となったのは、櫻井家が明治四〇年（一九〇七）頃に槙原製鉄場（島根県奥出雲町）に建設した角炉である（図63）。槙原製鉄場では、幕末から明治時代にかけて高殿鈩が操業しており、角炉は高殿を覆屋として、たたら製鉄の地下構造の上に建設されたようだ。炉は上部が開放された構造で、たたら型角炉であった。炉高は三三〇㌢と高く、炉頂より原料と木炭が装入できるよう作業床が設けられる。平面形は両端部が丸みを帯び、基底部で長さ二四二㌢・幅一五二㌢である。炉の横断面形は、基底部より上端幅が狭く内傾する。炉壁は、炉高の三分の一ほどのところから基

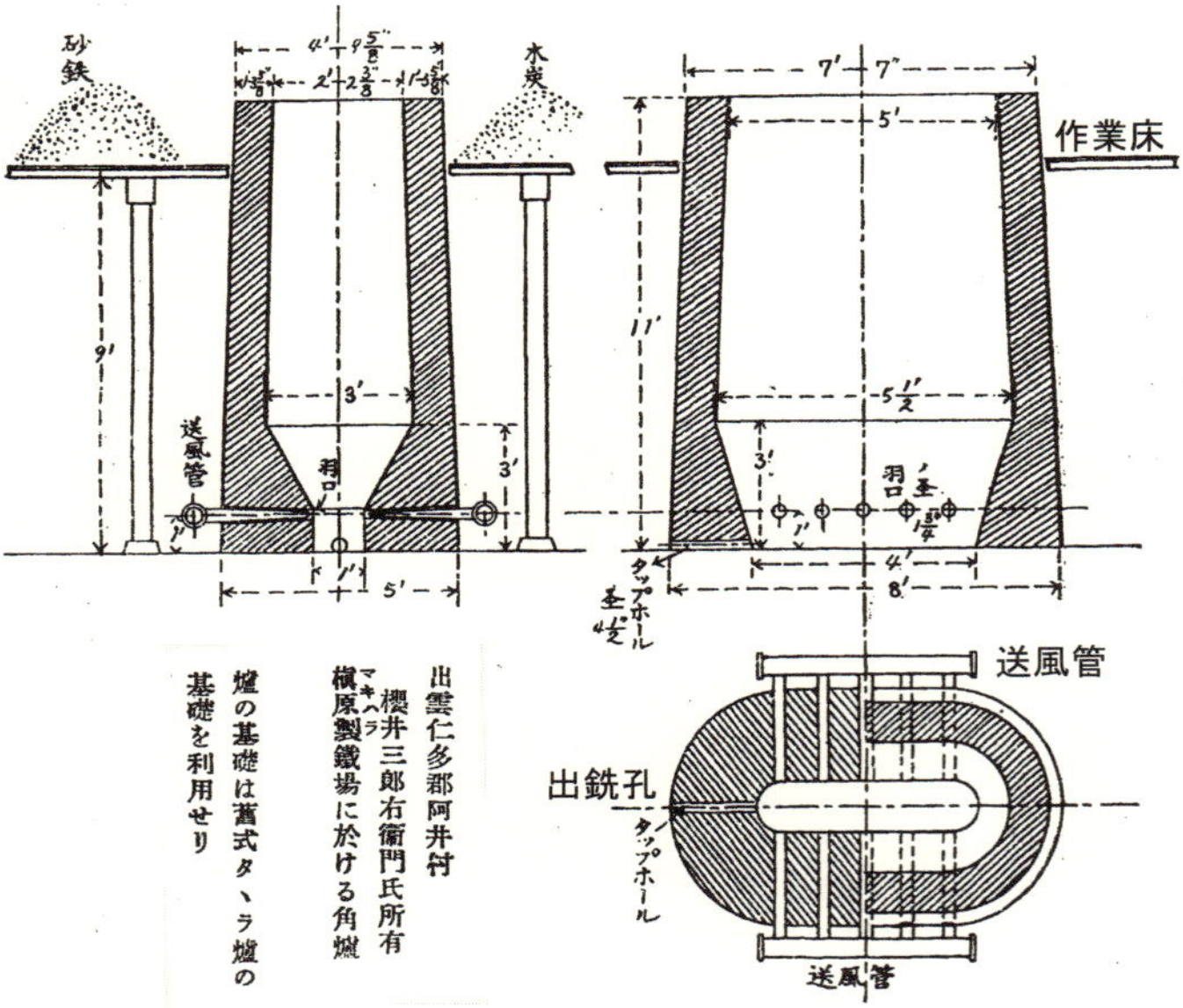

図63　槙原製鉄場の角炉（明治・大正期）

底部が厚く造られ、短辺の一方に銑鉄の抽出孔がある。炉体は下部には耐火煉瓦、頂部には粘土質山土を使用して、内壁に粘土を六センチほどの厚さで上塗りした。送風は水車鞴で行われ、風は熱風装置を通した後、炉の両長辺に五本ずつ向かい合うように配置された送風管より入る構造である。

操業には六人が従事した。二交替制だったので、村下四〜五人・炭焚四人・小廻二人がいたようだ。原料は砂鉄、燃料は木炭で、これに少量の石灰石が加えられた。約一時間の予備加熱の後、銑鉄屑を少量投入し、これが熔融して滴下し始めた段階で木炭六〇キロ・砂鉄七五キロ・石灰石三キロを一回に装入した。操業開始後、約一〇時間で一回目の出銑が行われ、それ以後三時間ごとに銑鉄が抽出された。一回に五～八本、一日あたり五二～五九本の棒銑が得られた。一回あたりの出銑量は、平均三六四キロと記録されており、棒銑は平均七本できたので、一本は五二キロ程度とみられる。一日あたりの生産量では、二・四～二・七トンであった。木炭の使用量は、銑鉄一〇〇キロに対し木炭は二八五キロ前後が必要であった。稼働日数は、平均二〇日間程度で、最長では六一日に達したことがあった。一年の操業回数は、大正八年（一九一九）までは五～九回でほぼ通年稼働している。

出雲にまず導入された角炉は、落合型角炉ではなくたたら型角炉であった。従来のたたら製鉄炉でも明治時代中期には、水車鞴・トロンプの導入によって炉高を一・四～一・七メートル程度まで高くする改良が行われており、たたら型角炉はいわばその延長線上にあることから、受容しやすいものであった。

槙原製鉄場の角炉は、炉の基部を厚くして炉底の幅を狭めている点や、送風管を炉内で対面するように配置する点など、たたら製鉄の箱形炉の特色を継承している。一方、炉高を従来の二倍以上に当たる三・二メートルとすること、炉体に耐火煉瓦を使用すること、熱風装置を備え熱風を送ること、鉄と鉄滓の分離を良くするために砂鉄とともに石灰石を装入することは、大きな技術革新であった。炉高が高く熱風が送風されたことで砂鉄の還元効率が高まり、耐火煉瓦による炉体の強化は平均二〇日に及ぶ連続操業を可能にした。その結果、日産は二・四〜二・七トンに達しており、前身の槙原鈩と比較すると、二倍近い差があった。

槙原製鉄場の日産は、官営広島鉱山上野作業所が一・七トン、落合作業所が一・三トンであったことに比較してもかなり高い。連続操業日数は、落合作業所の平均二三日には及ばないが、上野作業所の一五日よりは長く、比較的安定した操業が行われていたようだ。炉体の上部に煙突を設けた複雑な構造をもつ落合型角炉ではなくても、それを凌ぐ生産性を確保できたことが、山陰の角炉がたたら型から始まった理由と考えられる。

たたら型角炉としては高い生産性を有していた槙原製鉄場であるが、燃料である木炭の不足によって連続操業を中断せざるをえない状況がしばしば生じている。木炭の使用量は、砂鉄の二・八倍程度と多く、操業を継続するのに必要な木炭の確保が課題であった。

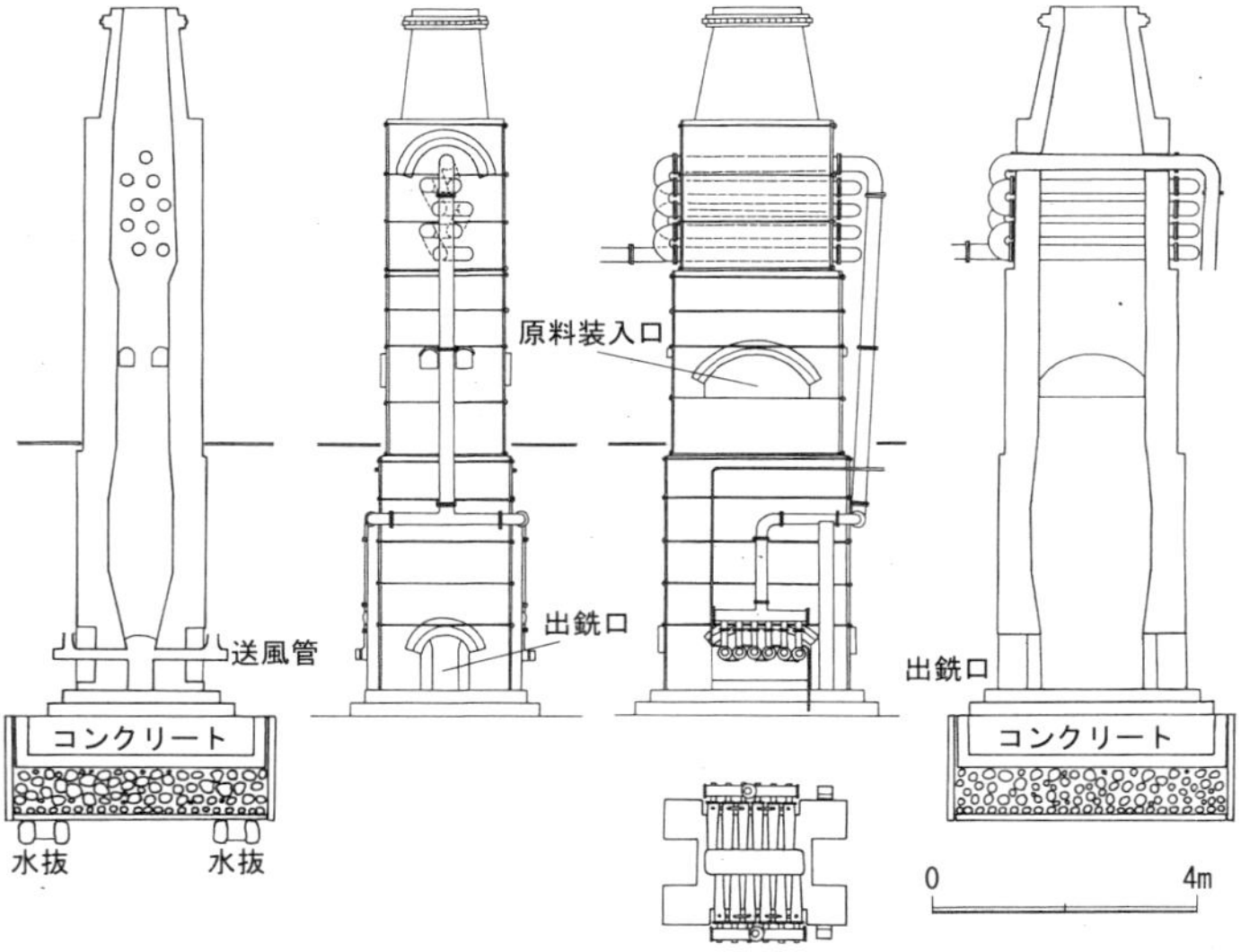

図64　福禄寿製銑工場の角炉

角炉の技術改良

大正六年（一九一七）、絲原家は福禄寿製鉄場（島根県奥出雲町）を建設し、操業を始める。角炉は、槙原製鉄場のたたら型角炉とは異なり、新たに考案されたものであった。

建屋は、木造二階建て柿《こけら》葺きで、角炉建屋と倉庫が繋がり平面形はT字形であった。角炉は、二階で原料の装入、一階では出銑作業が行われた。倉庫は、角炉建屋の二階と繋がっていた。砂鉄と木炭が保管され、棟続きにある角炉の原料装入口から炉内へ投入された。

角炉は、煉瓦積みで、鉄帯を巻い

て補強し、炉の上部に煙突を備える（図64）。平面形は長方形で、長さ二七〇《チセン》・幅一九〇《チセン》、煙突を含めた高さは一一《メートル》、炉底より原料装入口までの高さは四五〇《チセン》である。炉壁は、基底部が長辺・短辺とも厚く造られる。その短辺には出銑口があり、通常は閉塞されているが、出銑時に孔を開けて前面に配置された砂型に向かって銑鉄を抽出した。送風施設は、別棟の鞴場に設置された水車駆動式の吹差鞴四基である。角炉排煙部の熱風管を経て、炉の基部に設けられた送風管より熱風が送られる。送風管は、両長辺に六本ずつ計一二本が設けられた。その配置は、炉内では両側壁の送風管が向き合わず、互い違いになっており、炉内の通風性が考慮されている。

炉の地下構造は、長さ四三〇《チセン》・幅四〇六《チセン》・深さ一八〇《チセン》のほぼ方形をした土坑の中に構築される。地下構造の壁面は、松杭により保護されており、底面に松丸太を敷並べた後、栗石・コンクリートなどを順に充填する。栗石・コンクリートはそれぞれ六〇《チセン》の厚さがあり、角炉の土台と防湿施設としての機能を果たした。

製錬は、砂鉄を原料に、木炭を燃料として、少量の石灰石を加えて行われた。原料・燃料の使用量は、大正六年の記録がある。九月の操業では一日あたり砂鉄は平均七・五《トン》、木炭は平均一〇・一《トン》が使われている。一一月から一二月の操業では砂鉄は平均八・二《トン》、木炭は平均一一・〇トンである。砂鉄に比べ木炭は一・三五倍ほど多く使われており、砂鉄に対する銑鉄の歩留まりは四九〜五五%であった。操業一回あたりの稼働日数は七〜三〇日で、平均すると一八日である。

生産された銑鉄は、型に流し取られた棒銑と、その他の屑銑に分けられる。出銑量に占める割合は、棒銑が八五〜九〇%、屑銑が一〇〜一五%である。棒銑は平均で一日に七六〜八三本が作られており、一本あたりの重さは平均で四三・三〜四七・六キロであった。一日あたりの出銑量は、大正六・七年頃では四トン前後、大正八年五月以降は四・五〜四・九トン程度に向上したようだ。

福禄寿製銑工場の角炉は、炉の基部が長辺・短辺とも厚くなって内側に狭まっており、両側壁の送風管は向き合わず互い違いの配置となる。前者は槙原製鉄場のたたら型角炉、後者は官営広島鉱山門平製鉄場のたたら型角炉に見られる特色である。これに落合型角炉の煙突を設け、さらに官営広島鉱山門平製鉄場の丸炉に見られる煙突部の熱風管を加えたものが福禄寿製銑工場の角炉であった。この角炉は、鳥取県日野郡福栄村（日南町）の技師木原小一郎が絲原家の依頼により設計・建設したもので、ここでは福禄寿型角炉と仮称しておきたい。

図65　鳥上木炭銑工場の角炉（古代出雲歴史博物館提供）

これと同型の角炉は、大正七年に安来《やすぎ》製鋼所鳥上《とりかみ》工場（図65：島根県奥出雲町）や昭和一〇年（一九三五）に新設された槙原製鉄場があげられる。これらの角炉は、構造・規模とも類似点が多い。平面形はいずれも長方形で、長さ二五五～二七〇チセン・幅一八五～一九〇チセン・原料装入口までの高さは四五〇チセン前後である。送風管の数は、福禄寿製銑工場が片側六本計一二本、鳥上工場と槙原製鉄場は片側五本計一〇本で、相違点は少ない。これらは炉の上部に煙突を有する点で、落合型角炉と同系統と考えられる。しかしながら、官営広島鉱山落合作業所の角炉は、平面形は正方形で、一辺一八二チセン、原料装入口までの高さは七六〇チセン、送風管は両側面と後方に一本ずつ計三本を配置したもので、同型の角炉とするには大きな違いがあるのだ。

福禄寿型角炉は、大正期の福禄寿製銑工場では日産三・六～四・九トン、操業日数は平均一八日であった。たたら型角炉で明治・大正期の槙原製鉄場は日産二・四～二・七トン、操業日数は平均一八日であり、生産量は大きく増加している。また、同じ福禄寿型角炉である昭和期の槙原製鉄場は、日産五・二～五・七トンで、操業日数は平均五二日と長くなっており、さらに生産量が増大したことがうかがえる。

一方、銑鉄生産に要する砂鉄と木炭の量は、福禄寿製銑工場では一・三五倍の木炭を使うが、槙原製鉄場と鳥上工場はほぼ同量に近い。これは、明治・大正期の槙原製鉄場が二・八倍もの木炭を必要としたことと比較すると大幅な改善である。炉の上部に煙突を設けた落合型角炉は本来熱効率が良く、原料の鉄滓に対する木炭の量は一・二八倍であった。たたら型角炉で上部が開放されている槙原製鉄場の木炭使用量が多いのは、熱効率に劣るためである。福禄寿型角炉は、生産性が高いたたら型角炉の上部に、熱効率の良い落合型角炉の煙突を付設した構造をもち、官営広島鉱山で開発された角炉の技術を融合・発展させたものといえる。

角炉の原料

官営広島鉱山で開発された角炉は、生産経費を抑えるために原料には鉄滓を使用した。その一方、落合作業所角炉の試験操業では、砂鉄製錬も行われている。明治二七年（一八九四）四月一三日から一八日の六日間にわたり実施された第九回目の試験操業では、鉄滓とともに砂鉄を使用しており、「製塊砂鉄試験スルニ、上等ナル鼠色銑ヲ得、至極好結果ヲ表シタリ」と報告されている。製塊砂鉄とは砂鉄九・石灰一を調合したものを粘土水で塊状にしたものであるが、角炉で砂鉄製錬が可能なことは、開発当初から確認されていたようだ。

出雲で稼働した角炉の製鉄原料は、官営広島鉱山で使われた鉄滓ではなく、すべて砂鉄である。砂鉄は、真砂《まさ》と赤目《あこめ》に大別されるが、鳥上工場の砂鉄は、化学分析の結果、真砂砂鉄であった。一方、槙原製鉄場（明治期）と鳥上工場の鉄滓は、ともに赤目砂鉄が製錬されたことを示すものである。槙原製鉄場の「工業日誌」によれば、主として真砂砂鉄が使われているが、赤目砂鉄の使用も記載されており、分析値はこうした操業を反映する。

製鉄原料として安価な鉄滓ではなく砂鉄を使用したのは、鉄滓を原料とする銑鉄は燐《りん》を多く含むのに対し、砂鉄の場合には燐が少ないことが考えられる。山陰の有力たたら経営者は、明治三〇年代に入ってから呉海軍造兵廠へたたら製鉄で製造された庖丁鉄や鋼の納入を本格化させるが、それは各種兵器の素材となる特殊鋼を製造するための原料として用いられた。特殊鋼を生産する酸性平炉や坩堝《るつぼ》炉では、有害な燐や硫黄を除去することができないので、燐などの不純物が少ない砂鉄を木炭で還元した庖丁鉄や鋼・低燐銑は製鋼原料として最適であった。一方、スウェーデン銑や英国へマタイト銑といった輸入低燐銑も使われており、低燐性の確保は軍需を見込む経営者にとって経営を左右する問題ともいえよう。

生産された木炭銑

角炉において木炭を燃料に還元された銑鉄は、その特性から木炭銑と呼ばれた。鉄滓を原料とする官営広島鉱山落合作業所の木炭銑は、燐〇・四七九％、硫黄〇・〇二九％を含む。これに対し、砂鉄を原料とする槙原製鉄場の木炭銑は、燐〇・〇一二〜〇・〇二％、硫黄〇・〇一八〜〇・〇二四％と燐・硫黄とも低い。兵器素材となる特殊鋼は、不純物である燐と硫黄がそれぞれ〇・〇三％以下のものであり、製鋼原料にも同程度以下の含有量が要求された。槙原製鉄場の木炭銑はその条件を満たすものといえる。

陸海軍への納入努力は、官営広島鉱山でも行われたが質的・量的な問題から成功しなかった。一方、槙原製鉄場を経営した櫻井家は、前述のように海軍の需要が拡大する前から、周辺のたたら経営者とともに鉄材納入の体制を整えており、角炉においてもそれに応じた品質の保持が図られていたことがうかがえる。

こうした明治の海軍需要に応じた木炭銑に対し、昭和のそれはやや異なった様相を見せる。鳥上工場の木炭銑は、燐〇・一〇六％、硫黄〇・〇一九％、槙原製鉄場は燐〇・〇八五％、硫黄〇・〇二七％と硫黄の含有量は低いが燐は高くなる。昭和の木炭銑は、納入先から燐に関しては海軍ほどの要求を受けなかったので相対的に高めになったようだ。

槙原製鉄場の木炭銑は、昭和一七年（一九四二）の販売量八一万二三四四トンのうち約九割に当たる七二万二三四四トンが日立製作所安来工場に出荷された。同工場は鳥上工場の木炭銑をチルドロール（金属板を圧延する鋳鉄製ロール）の材料として日立製作所若松工場に供給している。また、帝国製鉄で生産された「大暮木炭銑」は、チルドロールのほか、インゴットケース（鋳型）・高級工作機械用の鋳物類を製造する際に高炉銑（コークス銑）に添加する方法で使用されており、一部は特殊鋼原料にも用いられた。普通の高炉銑に比べて単価が高い木炭銑が使われたのは、鋳物用として流動性に富み鋳損じが少ないこと、硬度が高く耐摩耗性に優れ、強靱性も備えていたためである。その特徴は、砂鉄に含まれるチタン・バナジウム・モリブデンによるものとされる。

生き残りへの模索

官営広島鉱山で開発された角炉は、安価な鉄滓を原料とし、一回あたりの操業期間を延ばすことで、洋鉄に対して割高な和鉄の生産経費を抑えようとしたものであった。たたら型角炉から落合型角炉へと改良が加えられ生産効率の向上も図られたが、角炉は生産性においては洋式高炉に太刀打ちできなかった。

官営広島鉱山の払い下げ後、角炉は海軍へ製鋼原料を納入していた出雲・伯耆の有力たたら経営者に受容された。原料には割高だが燐分の低い砂鉄を使用し、特殊鋼に用いられる低燐銑を効率的に生産することで、角炉は一定の役割を果たした。生産性を向上させ、操業期間を延ばすために技術改良も行われ、官営広島鉱山の角炉技術を応用した福禄寿型角炉が考案された。海軍需要を失うと、旧来の経営者の多くは製鉄業から撤退することとなる。しかし、砂鉄製錬による木炭銑は、高炉銑にない耐摩耗性・強靱性・流動性などの特性を備えていたことから、高級工作機械用などとして特殊用途の需要があり、安来製鋼所鳥上工場の後身である鳥上木炭銑工場では昭和四〇年（一九六五）まで生産が続けられた。

官営広島鉱山から鳥上木炭銑工場に至る角炉の歴史は、たたら製鉄が近代化の中で生き残りを模索した過程をよく示している。わが国の製鉄史において、角炉がその中心となることはなかったが、砂鉄を原料とする木炭銑の特性を活かすことで近代製鉄においても一定の役割を果たしたのである。

第二次世界大戦とたたら製鉄

靖国鈩と軍刀

昭和八年（一九三三）、安来《やすぎ》製鋼所鳥上《とりかみ》工場内に靖国鈩《やすくにたたら》が新たに建設された。これは、明治中期～大正期のたたらが海軍の製鋼事業で原料として用いられる鉄材を生産していたのとは異なり、将校らが帯びる軍刀の製作に必要な玉鋼の生産を目的としたものであった。陸軍省を主務官庁とする日本刀鍛錬会は、同年二月、たたらで大正末年までに生産された鉄の残存状況を調査した。その結果、軍刀の製作に使える良質な玉鋼は残っておらず、これを確保するためには、再びたたら製鉄を行う必要があるとの結論に達したのだ。その依頼先としては田部家と安来製鋼所の二案が検討されたが、安来製鋼所が引き受けることになった。靖国鈩は、同年一二月に操業を開始し、生産

図66　靖国鈩の操業（島根県教育委員会提供）

された玉鋼は東京の靖国神社境内に設けられた鍛錬所に送られ、敗戦までの一二年間に約八〇〇〇本の軍刀が作られたという。

靖国鈩の施設は、鑪場建屋（高殿）・送風施設（水車鞴）・大銅場・小銅場などで構成される。当初、大鍛冶場はなかったが、のちに設けられたようだ。創業年の村下《むらげ》は、大正年間まで操業した卜蔵《ぼくら》家の原鈩（島根県奥出雲町）村下であった亀山秋蔵と安藤仙太郎が技術伝承のため老齢を押してつとめた。翌年からは細木文之助・後藤林市、そしてのちに日刀《にっとう》保《ほ》たたらの復活に尽力する安部由蔵《あべよしぞう》らが村下となっている（図66）。操業は、年間七〜一五回であったといい、冬季に一〜二ヵ月程度行われた。「靖国タタラ第一回操業七代分概算」によれば、生産量は七回分で二一トンあり、一回三トン程度であったようだ。七回分の内訳は玉鋼上級品（鶴・松・竹・梅上）が一・八トン、玉鋼下級品（梅下・等外品）が三・二トン、その他一六トンとなっており、生産量に占める玉鋼の割合は二四％であった。これは伝統的な鉧押法《けらおし》における鋼《はがね》の生産割合と変わらない。その他とされる鉧と銑は、安来工場で製鋼原料として使われたが、これが靖国鈩の操業を安来製鋼所に依頼する理由の一つになったようだ。大鍛冶場が設けられてからは、鉧と銑で庖丁鉄も製造されており、日本刀の心鉄《しんがね》に使われたという。

たたらの復活

　昭和一二年（一九三七）に日中戦争が始まると、明治・大正期まで稼働していた鈩を修復または再建して、操業する動きが各地で起こった。

樋廻鈩《ひのさこ》（島根県安来市広瀬町）は、出雲能義郡布部《ふべ》村（同）の家島家が経営したものであったが、同年、玉鋼製鋼（本社大阪市）が復活させている。操業は、年三三回一三二日に及んだ記録があり、年間生産量は一〇〇〜一四〇トンであった（図67）。生産内容は、史料が残る昭和一四年は、鋼を含む鉧二八・四トンに対し銑六三トンで、前者が三一％と伝統的な鉧押法に近い。ところが、翌年には鉧八一トンに対し銑五一・四トンと前者が六〇％を占めて

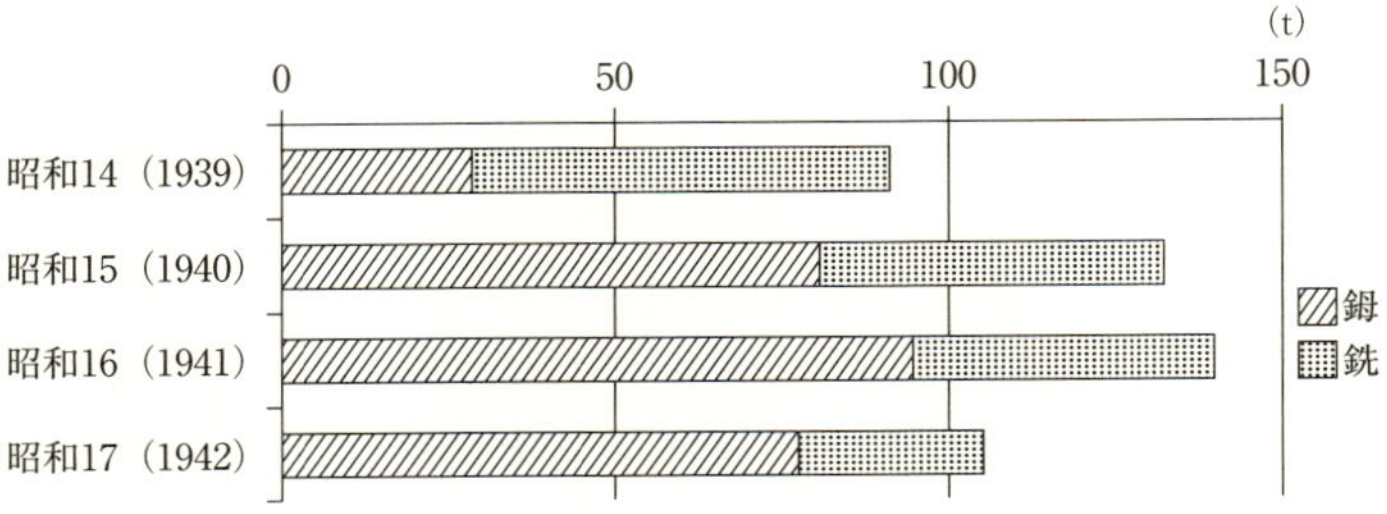

図67　樋廻鈩の生産高

おり、鋼を含む鉧の量が大幅に増えている。この傾向は、それ以降も続いており、鋼をより多く生産することを意図した操業が行われていたとみられる。玉鋼は軍刀製作用、銑は旋盤など切削加工工具に用いられるバイト用高速度鋼（高級鋼）の製鋼原料に使われた。

帝国製鉄（本社大阪市）は、角炉・丸炉を操業し木炭銑の生産で知られた会社である。同社は昭和一三年に卜蔵家の原鈩を叢雲《むらくも》鈩として再建（図68）、翌年には家島家の砥波鈩も復興し稼働させた。その目的は、『概要書』によれば、軍刀用の玉鋼の供給とその製造技術の伝承にあるとする。二つの鈩は、同じ操業期に同時にされることはほとんどなく基本的には交互に稼働したようだ。生産量は、史料に残るものを合計すると、鉧四一五トン、銑二〇八トンで、鉧が六七%を占めており、伝統的な鉧押以上に鉧の生産が意識されていたようだ（図69）。なお、叢雲鈩には大鍛冶場も併設されており、庖丁

図68　叢雲鉧の高殿（奥出雲町教育委員会提供）

鉄の生産も記録がある。玉鋼は、当初は刀匠にも販売が行われたが、陸軍兵器本廠、海軍航空本部に納入された。

この他には、出雲製鋼（本社東京市）が菅谷《すがや》鉧、出雲和鋼（本社神戸市）は出雲能義郡広瀬町（島根県安来市広瀬町）の秦《はた》家が経営した市原鉧を金屋子鉧（同）として復活させた。また、八雲鉧（島根県出雲市知井宮町）は大正期の製鉄所跡に八雲商事が新たに建設したもので、あわせて軍刀の鍛錬場も設けられていた。

たたらの生産内容は、靖国鉧の第一期操業七代分や、樋廻鉧における昭和一四年の操業では銑が半分以上できており、伝統的な鉧押であった。一方、昭和一五年以降の

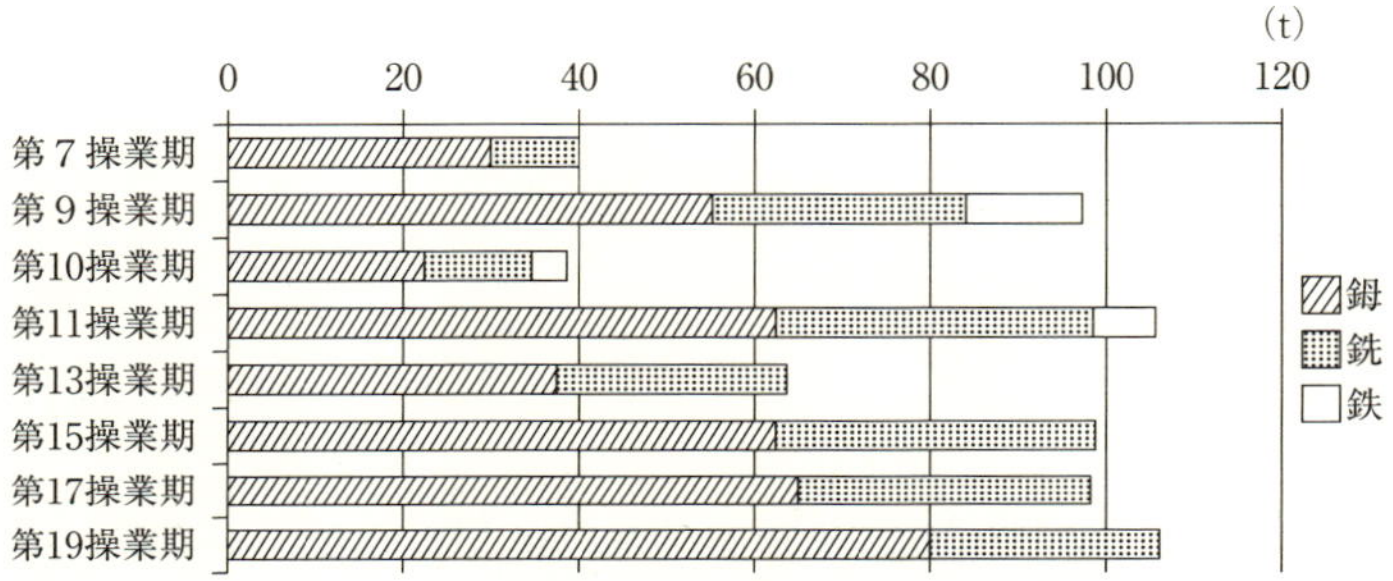

図69　叢雲鈩・砥波鈩の生産高

樋廻鈩や叢雲鈩、砥波鈩では鉧が六割以上となっており、従来とは異なる鉧・鋼により特化した生産が行われていたことがうかがえる。靖国鈩村下の安部由蔵は、樋廻鈩・叢雲鈩・砥波鈩・金屋子鈩・八雲鈩と、この時期に稼働したほとんどの鈩に出向し「かげはまり村下」をつとめた。第二次世界大戦の敗戦によって、たたらは再び廃絶するが、昭和五二年、美術刀剣を制作するための玉鋼の供給を目的として、日刀保たたらの操業が復活する。その村下を任されたのが安部由蔵である。日刀保たたらでは、玉鋼に特化した生産が行われているが、これに繋がる操業方法は戦時下の玉鋼製造で培われたようだ。

新和鋼

近代製鉄の製鋼法は、高炉で生産された銑鉄を製鋼原料とする。安来製鋼所では、高級特殊鋼を生産するための製鋼原料として、砂鉄を直接還元して得られる海綿鉄と清浄鉄の開発が進められた。これらは、製鋼原料の自給とコスト削減の切り札とされ、期待を込めて「新和鋼」と呼ばれている。

昭和三年（一九二八）、安来製鋼所の社長でもあった金属学者工藤治人《くどうはると》は、回転炉（十神《とかみ》炉）を完成させた。回転炉には、砂鉄が一〇に対して木炭粉が三の割合で装入され、炉体をモーターで一分間に半回転の速さで回して攪拌しながら、炉の両端に取り付けられた電極で加熱を続けると、四時間後には海綿鉄ができた。海綿鉄は、還元された純鉄粒が鉱滓とともに塊になったもので、低温還元のため熔融せず、顕微鏡で見ると気孔が多いスポンジ状であることからその名がある。

エルー式電気炉では、清浄鉄の生産が行われた。炉には砂鉄が一〇〇に対し木炭粉三〇・石灰石一五の割合で配合した原料を二時間おきに装入し、電極で加熱して熔鋼を炉底に溜めた。一七時間後に操業を終えると、炉体を傾けて熔鋼を池に流し込み急冷すると豆粒状の清浄鉄（ショット）ができる。清浄鉄は、再び電気炉で熔解され、硫黄や燐分が低い良質な高級特殊鋼となった。

安来製鋼所は、新和鋼の生産を集中し、製鋼原料生産の合理化を図るため、昭和六年に木次《きすき》工場（島根県雲南市木次町）を開設し、スポンジ用回転炉とショット用電気炉を設置した。新和鋼の生産拠点として木次が選ばれたのは、砂鉄・木炭が豊富な奥出雲に近く原料供給が容易であったこと、水力発電により電気が安定して供給できたこと、山陰線に繋がる簸上《ひかみ》鉄道の起点になっていたことがあったようだ。木次工場の海綿鉄と清浄鉄は安来工場に運ばれ、木炭銑や屑鉄と配合して電気炉で再熔解し、特殊鋼が生産されたのである。

新和鋼から作られた特殊鋼（電気炉鋼）は、当時、需要が増していた金属切削工具用をはじめ、自動車・船舶用として使われた。軍工廠では、民間からの納入は坩堝炉鋼に限られていたが、規格の変更によって電気炉鋼も認められた。安来製鋼所は、昭和七年に陸海軍航空本部の指定工場となり、電気炉で生産された鋼は航空機用の鋼材として増産が求められたようだ。その後、安来製鋼所は戸畑鋳物との合併、国産工業への改名を経て、昭和一二年に日立製作所と合併し、同社安来工場となる。翌年には国家総動員法に基づく管理工場に指定され、軍需対応のため民間需要は受注不能となった。安来工場は原鉄工場として電気炉などの設備が拡充され、陸海軍航空本部向け鋼材の増産が進められた。

久村鉱山

日立製作所安来工場は、電気炉鋼の原料砂鉄を採取するため、昭和一四年（一九三九）から久村《くむら》鉱山（島根県出雲市多伎町）の開発を始める。出雲市多伎町久村から湖陵町江南にかけての一帯は、約一四〇〇万年前の海岸付近に濃く堆積した砂鉄が固結してできた鉱床が東西六キロに広がっている。二酸化チタン含有量が高い赤目《あこめ》砂鉄ではあるが、母岩中の砂鉄含有率は二〇～四〇％と極めて高く、推定埋蔵量が一〇〇万トンと豊富であったことが砂鉄鉱山の開発に繋がったようだ。

久村鉱山では、固結砂鉄は坑道で採掘されてトロッコとインクライン（傾斜鋼索鉄道）で選鉱場に送られた。選鉱場は、比高四〇メートルほどの丘陵を利用したもので、尾根上に貯水槽と変電施設、斜面にはコンクリート製の基礎をもつ選鉱施設、裾部には専用トロッコ鉄道に砂鉄を積むためのホッパーを配置する。固結砂鉄は、まずクラッシャー（粉砕機）で砕かれた後、直径三メートルのボールミルの中で鉄球と水でさらに微細にされた。これを荒テーブル（研磨機）で洗って砂鉄と砂を分離し、仕上げテーブルで精選するのである。砂鉄は専用トロッコで砂鉄置場へ、そこからはトラックで山陰線小田駅へ運ばれて列車に積み替えられ、日立製作所安来工場と木次工場へと輸送された。選鉱場は、昭和一八年（一九四三）から稼働し、同年三～一二月の輸送量は、安来工場向け四二八〇トン、木次工場向け六一一トン、総量は四八九一トンに達した。月別の輸送量は一定しないが、通常二〇〇～四〇〇トン、多いときには一〇〇〇トンを超えている。同年の従業員数は、社員九名、鉱員一七二名であった。

図70　久村鉱山砂鉄選鉱場（島根県埋蔵文化財調査センター提供）

現地は、島根県埋蔵文化財調査センターが発掘を行った。貯水槽・変電施設・クラッシャーが置かれた粗鉱舎、ボールミルが設置された粉鉱舎など、その主要部分が調査されており、機械を設置したコンクリート製の基礎などが明らかになっている（図70）。

東アジアの中のたたら製鉄――エピローグ

たたら製鉄の起源をめぐって

『三国志』魏志東夷伝弁辰条には、「国出鉄　韓濊《わい》倭皆従取之」という記事がある。また、慶尚北道慶州市皇南《フンナム》大《テ》塚《チヨン》古墳などで発見された膨大な量の鉄鋌や鉄製品は、朝鮮半島南部で古代製鉄が盛んに行われたことを想起させる。

韓国で製鉄遺跡の調査が進展したのは、一九九〇年代以降のことで、それ以前には鉄生産の状況は推定の域を出なかったわけであるが、一定のイメージがあった。金廷鶴《キムジヨンハク》は、「弁韓―加羅から出る鉄は砂鉄であったようである。それはこの地方はずっと後世にまでも、主として砂鉄によって鉄の需要をみたしたことからも推されることである。それらの後世の砂鉄の産地は『世宗実録地理志』や『東国輿地勝覧』などの記事によって知ることができる」とする。提示された朝鮮時代の文献には、慶尚道・忠清道・全羅道・江原道・咸吉道と広い範囲に「沙鉄」という記載があるが、「沙鉄」は砂鉄なのか、砂鉄であるとしてもその利用が朝鮮時代以前に遡るのかについては検討が必要だ。韓国において古代から製鉄原料として砂鉄の使用が考えられていたのは、おそらく日本のたたら製鉄の箱形炉による砂鉄製錬が念頭にあったものと思われる。

製鉄遺跡調査の進展によって、今日明らかになっている韓国の古代製鉄炉の姿は、円筒形をした炉体をもち、大形の送風管一本を炉内に挿入して、鉄鉱石を製錬するものである。その中で、唯一、四世紀代の「箱形炉」として報告があるのは、忠清北道鎮川郡石帳里《ソクチャンリ》遺跡A—四号炉で、これが日本の箱形炉の祖形と考えられたこともあった。A—四号炉は、方形をした竪穴の床面に四—一号炉・四—二号炉と二基の「製鉄炉」をもち、前者は不整な長方形で長さ二二五チセン《チセン》・幅四五チセン《チセン》、後者は不整な長方形または楕円形で長さ一一〇チセン《チセン》・幅五〇チセン《チセン》である。付近で出土した微細鉱石粒は、当初は砂鉄ともみられたが、分析の結果、鉄鉱石が焙焼され顆粒状になったものであった。これが「箱形炉」とされた理由は平面形が長方形状を呈するという点にあるが、その他には箱形炉としての要素はない。逆に、箱形炉に特徴的な送風孔が炉壁にないことなど大きな疑問点があり、箱形炉とはいえないのだ。

鉄器の金属学的な分析では、国立歴史民俗博物館が慶尚南道に所在する墳墓・古墳八ヵ所で出土した鉄器や鉄鋌を調べており、鉄素材の製鉄原料について言及があるものはすべて鉄鉱石であった。また、清永欣吾は、奈良県や島根県の古墳出土刀剣について調査し、いずれも朝鮮半島からの搬入品で、鉄素材は鉄鉱石を製錬したものが使われたと結論づけている。韓国で行われた鉄器調査では、砂鉄を原料とした鉄素材の使用について報告例がある。しかし、砂鉄に特徴的な二酸化チタンの検出が微量であるなど疑問点が残っている。古代韓国において砂鉄製錬が行われていたことを示す根拠は、鉄器・製鉄関連遺物の分析からも提示できないのが現状だ。

日本の古代製鉄が、鉄鉱石製錬から始まったことは前述したとおりであるが、では、その系譜はどこに求められるのであろうか。韓国の円筒形炉は、口径二〇センチ以上もある屈曲した送風管一本で炉の背後から送風して鉱石を製錬し、前面一方向から鉄滓を排出する構造を備える点で共通性がある。一方、製鉄炉の構築方法を見ると石帳里遺跡A―三号炉・B―二三号炉など炉体の一部を地下構造とともに造る半地下式の構造をもつものと（図71

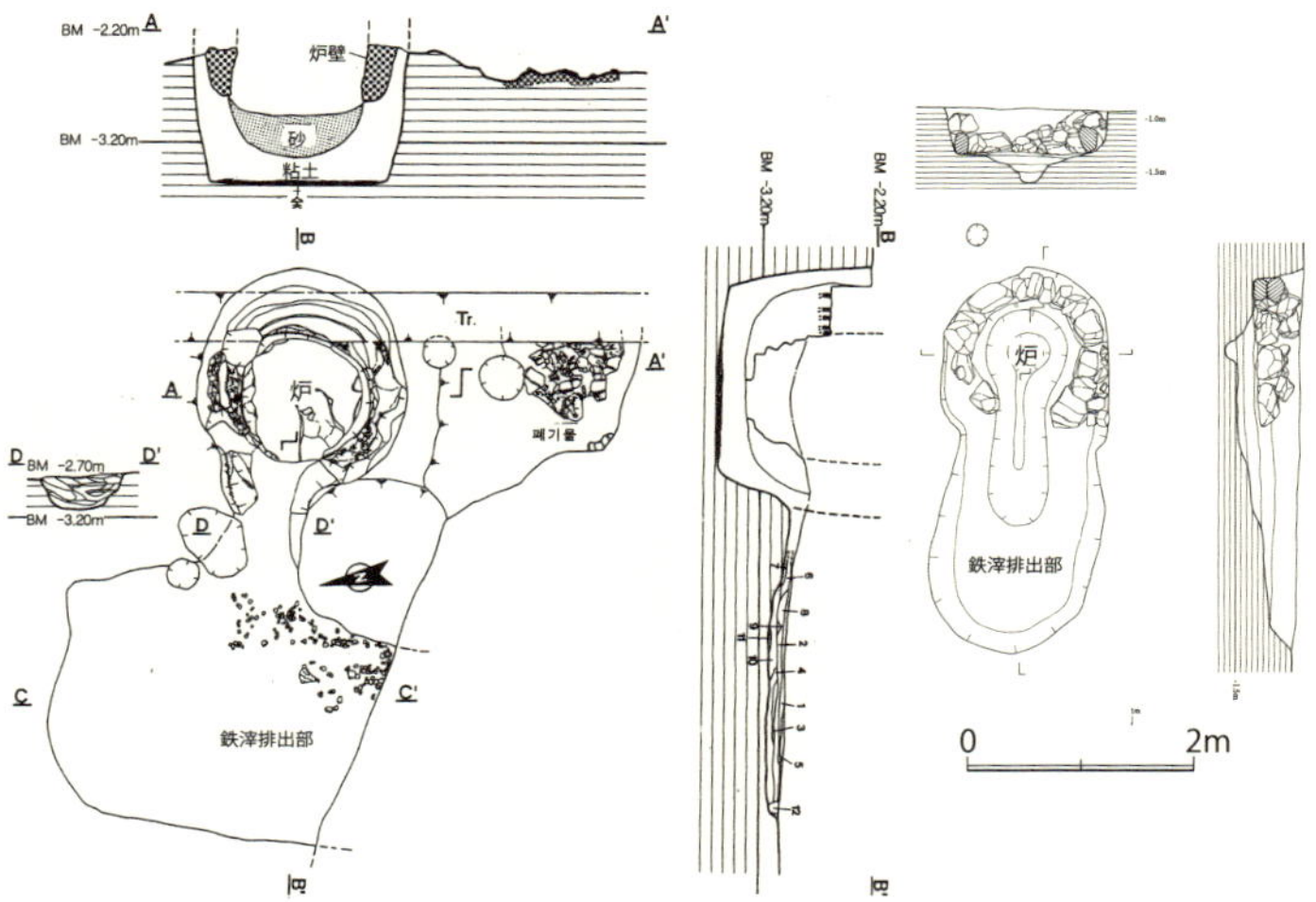

石帳里遺跡B-23号炉　　沙村遺跡2号炉

図71　円筒形炉

左）、慶尚南道密陽市沙村《サチョン》遺跡一号炉・二号炉などのように地下構造に円形の石列をもち炉体がその上に自立する地上式の構造をもつものがある（図71右）。三国時代の円筒形炉にこの二者が存在することは、日本列島に導入された製鉄炉の系譜を考える上でも示唆的である。すなわち、古墳時代後期に西日本に出現する円筒形をした自立炉は後者と、これに遅れて東日本などに導入される半地下式竪形炉は前者との関係を思わせる。たたら製鉄へと繋がる西日本の円筒形をした自立炉と韓国の円筒形炉の系譜関係を直接結びつける証拠、たとえば大口径送風管などが西日本でまだ確認されていない以上、予察にすぎないが、その可能性は十分考えられる。吉備をはじめとして西日本では、製鉄炉に伴って横口付炭窯と呼ばれる木炭窯が検出された例が多い。同様な横口付炭窯は韓国でも多数発掘が行われており、製鉄遺跡での確認例もある。両地域にほぼ同じ形態の木炭窯があることは、製鉄技術の系譜関係を傍証するものとみることもできよう。

韓国の鉄生産

朝鮮時代に編纂された『世宗実録地理志』などをみると鉄の産出記事は、咸鏡道・平安道・黄海道・江原道・京畿道・忠清道・全羅道・慶尚道にある。鉄鉱山は、朝鮮半島各地に分布し、磁鉄鉱・チタン磁鉄鉱・赤鉄鉱・褐鉄鉱・雲母磁鉄鉱の鉱床が確認されている。韓国の鉄生産は、こうした鉄鉱資源を背景として、三国時代から朝鮮時代に至るまで鉄鉱石製錬が主体であった。

大口径送風管を備えた円筒形炉は、二世紀後半〜三世紀中葉または以前とみられる京畿道平澤市佳谷里《カゴンリ》遺跡が現在のところ最も古く、原三国時代まで遡る。三国時代には前述の石帳里遺跡、沙村遺跡など多数の発掘例がある。新しいものでは、一六〜一七世紀頃とされる忠清北道忠州市完五里《ワンオリ》遺跡、一八世紀末〜一九世紀初めの忠清北道報恩郡上板《サンパン》遺跡などが知られる。製鉄炉の基本構造に大きな変化はないが、規模は石帳里遺跡や完五里遺跡

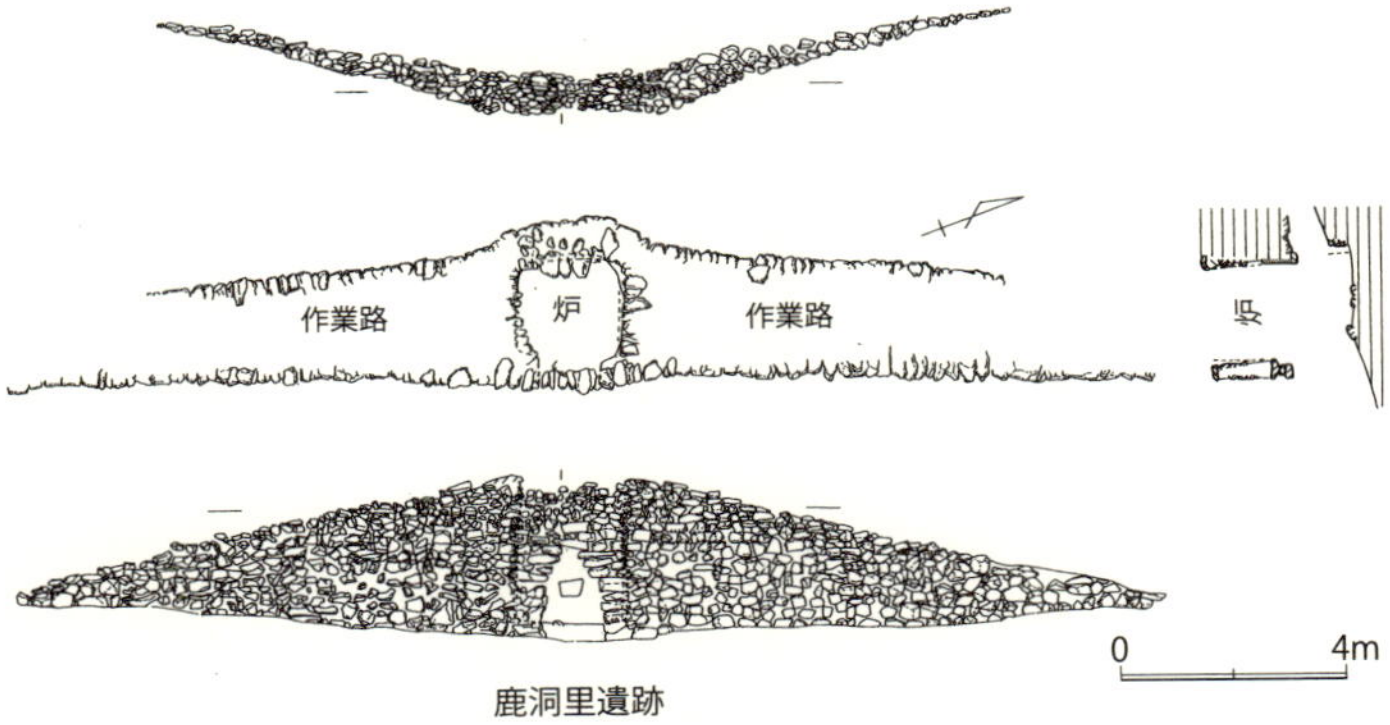

図72　セブリ製鉄炉

は径一〇〇～一二〇㌢であるのに対し、上板遺跡は径一五〇～一六〇㌢と朝鮮時代後期には大形化が進んだようだ。

一方で、一七世紀頃には慶尚道を中心にしてセブリ製鉄が成立する（図72）。これは、円筒形炉の技術を基本としながらも、製鉄炉を大形化し、その両側面に原料を装入するための作業路を設けたものである。炉の平面形は、隅丸方形または長方形で、一辺二〇〇㌢・高さ二〇〇～三〇〇㌢程度のものが一般的である。製鉄炉の背後から送風し、前面に排滓施設を設ける点は円筒形炉と変わりはないが、送風管を使わず炉壁に送風孔を造り付ける点が異なる。鞴《ふいご》は不明な点が多いが、蔚山広域市三亭《サムジョン》里《リ》遺跡では踏鞴の痕跡が確認されている。セブリ製鉄炉は、炉高が高いため、原料の装入が容易にできるよう両側面に作業路を伴うのが大きな特徴である。作業路は、側面に石積みを備え、中央の製鉄炉を挟んで全長二〇㍍《メートル》程度の規模をもつ。製鉄原料には、鉄鉱石またはその風化作用が進んだものである土鉄が使われた。現在のところ、一七〜一八世紀初め頃の蔚山広域市芳里《パンリ》遺跡が古く、慶尚北道慶州市鹿洞里《ノクトンリ》遺跡などでは二〇世紀前半まで存続したようだ。その分布は、鉄鉱山として知られる蔚山広域市達川《タルチョン》鉱山を中心に蔚山広域市・慶尚北道慶州市などに多数展開する。セブリ製鉄は、製鉄炉の規模が大きく、一基あたりの鉄生産量が増大したとみられる点で、韓国の製鉄史において画期をなすものであった。

韓国の砂鉄製錬

韓国における鉄生産は、鉱石製錬を主体としたものであったが、砂鉄が採取できる地域では砂鉄製錬が行われたのも事実である。ただし、砂鉄製錬は、現在確認できるものでは一四世紀後半〜一五世紀前半、高麗時代末・朝鮮時代初め頃の例が最も古い。つまり、鉱石製錬は三国時代から行われたのに対し、砂鉄製錬はかなり遅れて出現しており、砂鉄製錬に関しては日本列島の方が早くから行われていたことになる。

韓国の砂鉄製錬炉は、先行する鉱石製錬炉の技術を応用したものであった。全羅北道金堤市隠谷《ウンゴク》遺跡では、一八世紀中葉頃の半地下式の製鉄炉基底部が確認されている（図73）。

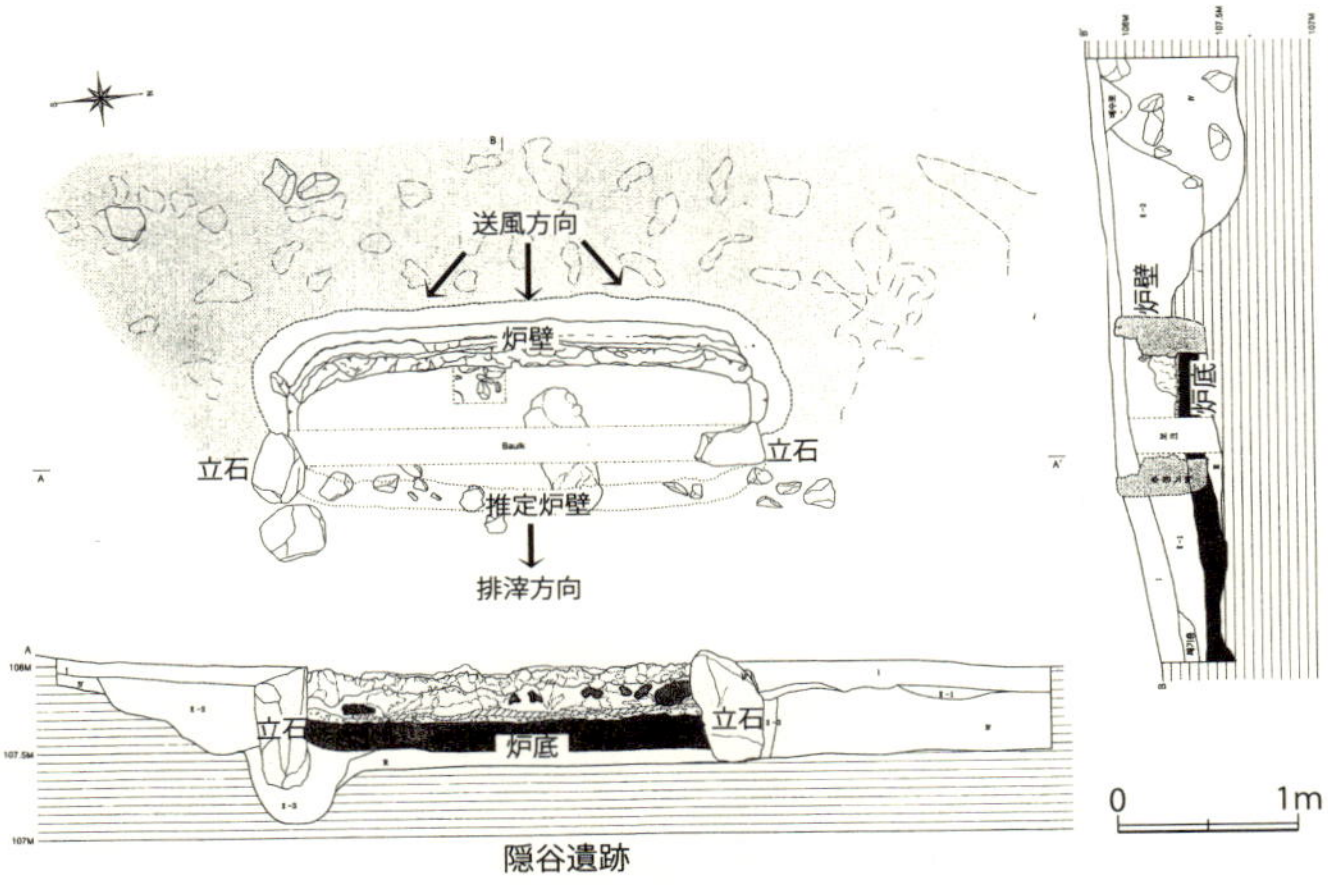

図73　竪形炉系箱形炉

炉は、平面形が隅丸長方形で箱形炉のような外観をもち、大きさは長さ二六二センチ・幅七三センチ・残存高三〇センチである。炉内への送風は、斜面上方側の長辺一方から放射状に行っており、炉壁に直接設けられた送風孔が多数確認されている。操業終了後に鉄を含む炉底塊を取り出すために、両短辺にある立石から斜面下方側長辺の炉壁は取り外される。排滓施設は、この部分にあったとみられるが明らかでない。操業は、同じ炉を補修しながら複数回行われており、炉壁に粘土を上塗りして使用した補修痕跡の残るものが確認できる。

　炉の基本構造が基底部を地下に造る半地下式であること、炉の一方から送風を行い反対側の一方から排滓することや、同じ炉を補修し何度も再利用する操業方法は、鉱石製錬炉である半地下式円筒形炉（竪形炉）と同様であり、これを基礎としているのは明らかだ。一方、炉の平面形が隅丸長方形で箱形炉状であることや、送風管を使わず直接炉壁に多数の送風孔を設ける送風方法は特徴的である。その構造は、従来の箱形炉、竪形炉という概念には合致しないため、竪形炉系箱形炉と呼んでいる。

竪形炉系箱形炉は、慶尚南道・慶尚北道南部・全羅南道・全羅北道に広がっており、砂鉄を含む花崗岩類の分布に対応する（図74）。このような製鉄炉が成立したのは、花崗岩類の分布地域において製鉄原料として見出された砂鉄を効率的に製錬するためであった。砂鉄は、破砕した鉄鉱石に比べて粒度が細かく均質で、効率的な製錬を行うには炉内の通風性を確保する必要があった。そのため円筒形炉で使用されていた大口径送風管に代えて、炉壁に小さな送風孔を多数設けたのが竪形炉系箱形炉である。その改良は、三国時代から続く半地下式円筒形炉による鉱石製錬技術を基礎に行われており、竪形炉系箱形炉は朝鮮半島において独自に成立・展開したものであった。

中国の鉄生産

中国における製鉄の開始は、春秋時代、紀元前六世紀に遡るとされる。漢代の河南省鄭州市古榮鎮《こえいちん》遺跡では、平面形が楕円形をした竪形炉の地

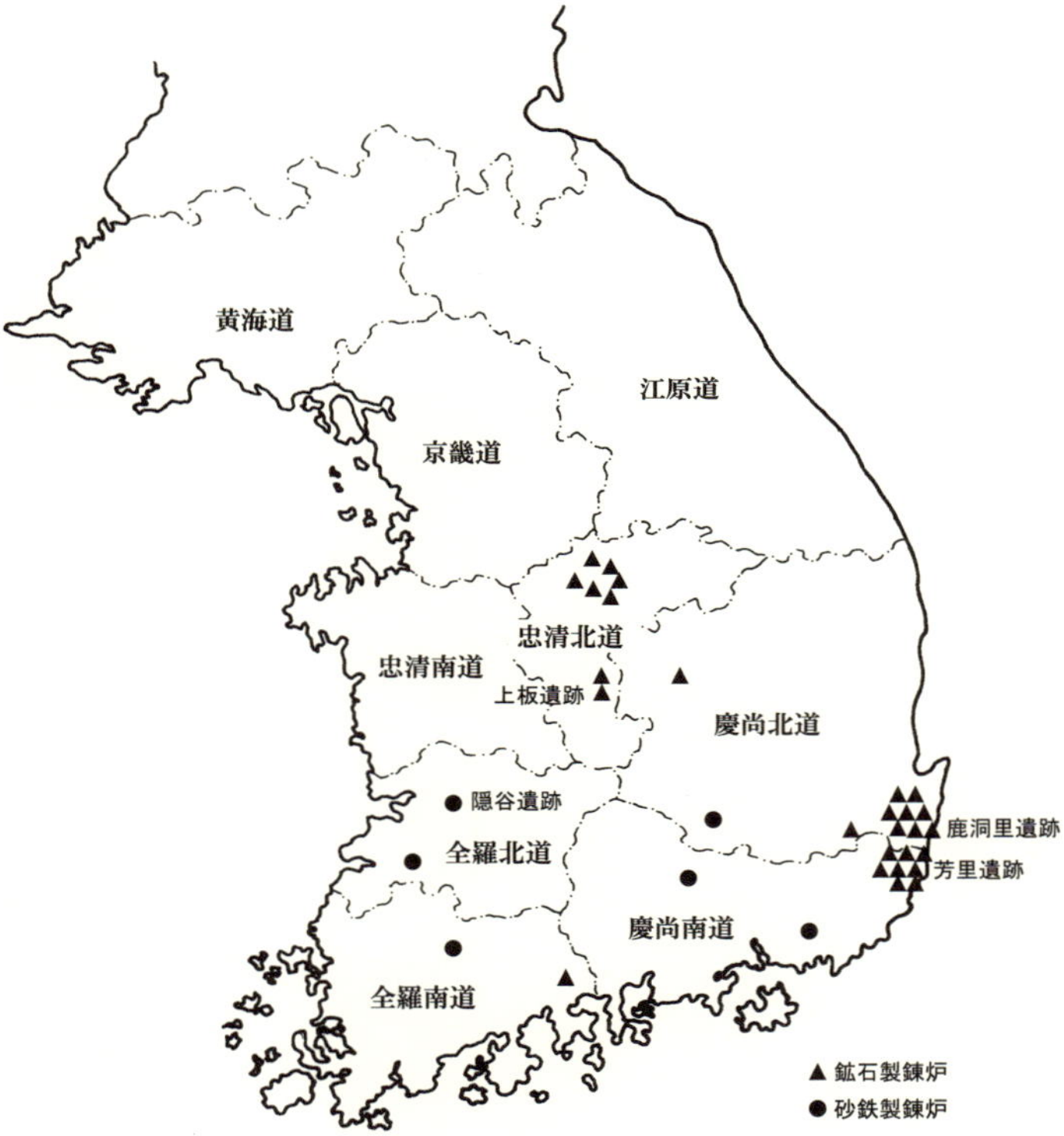

図74　高麗・朝鮮時代の主な製鉄遺跡

下構造が明らかになっている。炉底塊は長軸四メートル・短軸二・七メートルと巨大なもので、炉の高さは六メートル前後、容積五〇立方メートルと推定される。製鉄原料は鉄鉱石で、粒度は二〜五センチ、最大で一二センチであった。出土した鉄塊は、重さ一五〜二〇トンもあり、分析の結果、銑鉄であることがわかっている。炉の規模は、早くも漢代に頂点に達するが、以後、製鉄炉は縮小するとされる。

明末の一六三七年に著された『天工開物』所載の製鉄炉は、平面形が楕円形で、身の丈ほどの高さをもつ竪形炉である。炉の片側側面に吹差鞴様の送風施設があり、一方の端部から銑鉄を抽出する。原料は鉄を含んだ土（土錠鉄）とされ、これは朝鮮半島の土鉄の様相に近く、風化した磁鉄鉱とみられる。『天工開物』の炉は、元代から続く小形の竪形炉と考えられているが、明末・清初には土法高炉が出現し、高さ五メートルを超えるものがあったようだ。中国における鉄生産の主体は、竪形炉による鉱石製錬が主体であった。

一方、『天工開物』には、河北省遵化市や山西省南西部で砂鉄の採取や製錬が行われたことが記されている。砂鉄は、籠に入れて運ばれ、池の中で選鉱する様子が描かれており、竪形炉で土錠鉄と同様に製錬されたようだ。また、浙江省・福建省には砂鉄産出地が広がることが知られる。俵國一は、福建省寧徳郡石堂村に所在した砂鉄選鉱場と製鉄炉を紹介している。その写真によれば、砂鉄選鉱場は樋を使い比重選鉱を行っており、黒い砂鉄様のものもみえる。製鉄炉は、明確ではないが、円筒形をした竪形炉のようだ。潮見浩は、これらの事例から中国では明代以降に、河北省・山西省・浙江省・福建省などで砂鉄製錬が盛んに行われていたことを指摘する。

東アジアの中のたたら製鉄

東アジア三国における砂鉄製錬は、鉱石製錬の技術を基礎として成立した点では共通する。鉄鉱石は、多いものでは七〇%以上の鉄分を含んでおり、母岩に〇・五～三%しか含まれていない砂鉄と比較すれば、製錬するために破砕して使う必要はあるにしても原料の採取は容易であった。また、代表的な鉱石には、磁鉄鉱と赤鉄鉱があるが、赤鉄鉱は磁鉄鉱に比べ還元しやすく、磁鉄鉱系の砂鉄よりは製錬しやすい特性がある。したがって、赤鉄鉱を含む鉄鉱石が豊富な中国や韓国では鉱石製錬が主体となるのは当然であった。

一方、鉄鉱石に恵まれない地域では、それに代わる製鉄原料として砂鉄が使われることとなる。中国・韓国における鉱石製錬の周辺地域や日本がそれだ。砂鉄は、粒度が一ミリ以下と小さく均質である点が、鉄鉱石とは大きく違うところである。これを効率的に還元するためには、製鉄炉内において微少な砂鉄の周囲に風が十分回るだけの通風性を確保する必要がある。韓国の竪形炉系箱形炉や、日本の箱形炉で炉の長辺に多数の送風孔が設けられているのはそのためだ。鉱石の大きさは、これを製錬する技術を規定するものであり、両者の間には系譜関係は認められないが、結果として箱形で多数の送風孔を備えるという類似した形態の製鉄炉がそれぞれ独自に考案されたとみられる。

東アジア三国では、砂鉄製錬に至る鉄生産の展開過程や、鉱石製錬に対する砂鉄製錬の位置づけがそれぞれ異なっていた。韓国では円筒形炉による鉱石製錬が原三国時代から安定的に行われ、朝鮮時代にはその一つの到達点としてセブリ製鉄炉が出現する。高麗時代末〜朝鮮時代初めには砂鉄採取が可能な地域で竪形炉系箱形炉による砂鉄製錬が開始されるが、鉄生産の主体になったわけではなく、鉱石製錬の補完的な存在であった。中国は、漢代にはすでに高炉とも呼ぶべき巨大な竪形炉が出現しており、明・清代の土法高炉まで、鉄生産の主体は鉱石製錬であった。明代には中原の周辺地域で砂鉄製錬も行われていたが、韓国と同様に鉱石製錬を補完するものにすぎなかったようだ。

これに対し、日本では製鉄技術の導入当初は鉱石製錬が行われたが、間もなく砂鉄製錬が始まる。技術を受容した西日本においては、鉄鉱石資源に恵まれなかったためである。製鉄原料として砂鉄が使われるようになると、その効率的な製錬が可能な箱形炉が模索される。これ以降、製錬技術の改良は砂鉄製錬に特化する方向で進められ、鉄生産の主体となった。たたら製鉄はまさにその到達点なのである。

東アジアの製鉄史における日本のたたら製鉄の特質は、本来、周辺技術であった砂鉄製錬が鉄生産の主体として独自に発展を遂げたところにあるといえよう。

あとがき

たたら製鉄は、近代まで連綿と行われてきた。まさに無数のたたらが、鉄を作り、日本の産業や暮らしを支えてきたわけだが、高殿《たかどの》は菅谷《すがや》鈩《たたら》のものが唯一、現存するにすぎない。高殿に入ると内部は薄暗く、四本の太い押立柱の中に浮かび上がる製鉄炉の姿は荘厳な雰囲気さえ感じさせる。たたら製鉄が神秘的なものとして語られる理由は、金屋子《かなやご》神の伝承とも相俟って、そこにあるのかもしれない。

文学や映画で語られるたたらのイメージは、深山《みやま》で行われた神秘的な鉄づくり、そして玉鋼と日本刀だ。意外にも「玉鋼」という言葉は、江戸時代の史料にはなく、明治時代に入ってから登場したものである。玉鋼は、現在では優れた鋼を意味する言葉として用いられるが、当初はそうではなかった。鋼は、最上級から造鋼《つくりはがね》、頃鋼《ころはがね》、砂味《じゃみ》の順に区分され、高級刃物材料として使われたのは造鋼であった。頃鋼は、大鍛冶場で庖丁鉄とするか、軍工廠に送られて製鋼原料とされており、頃鋼の小さなものを玉鋼と呼んだらしい。
玉鋼が現在の意味で使われるようになったのは、軍刀の制作に必要な鋼の供給を目的に設立された靖国鈩以後のことのようだ。日本刀に繋がるたたらのイメージは、その最盛期であった江戸時代のものではなく、第二次世界大戦に際して復活した靖国鈩に重なる。たたら製鉄のイメージは、菅谷鈩や靖国鈩など現代まで目に見える形で残ったり、操業の様子が語り継がれてきたりした奥出雲のたたらの姿を通じてできあがったものとみてよいだろう。

古代から続いてきた砂鉄製錬の中で育まれ発展し、明治・大正時代まで続いてきた伝統的なたたらの姿は、こうしたイメージに上書きされてしまい、あまり語られることはなかった。たたら製鉄の主製品は鋼ではなく鉄製品の地鉄となる錬鉄であったこと、日本海岸には船で砂鉄・木炭を運び鋳物用の銑鉄生産をした「海のたたら」があったこと、たたらの鉄が明治時代には軍艦の材料として使われていたことなど、現在、一般に広がっているたたらのイメージとは大きく異なるものだ。

たたら製鉄は、地域によって様々な〝顔〟をもっていた。たたら経営は、地理的な条件や経営者の方針によって様々な形で行われ、生産施設の構成も異なっている。「海のたたら」、「山のたたら」双方を操業した田儀櫻井家独自の経営や、たたら山内《さんない》に大鍛冶場を複数併設し効率的な錬鉄生産を進めた近藤家の経営はその好例である。また、製鉄炉でできた鉧《けら》を破砕し鋼を取り出す大銅場（銅小屋）は、鋼が生産できる鉧押《けらおし》を象徴する施設だが、これを備えた山内が展開したのは一九世紀以降の出雲と伯耆の一部だけである。大銅場は、時期的にも地域的にも限定された範囲で使われた施設だったのだ。

たたらは、鉄を生産する山内だけで成り立っていたわけではない。様々な形で地域を支え、支えられる産業でもあった。原料となる砂鉄を採取したのは、山内の周辺に住む農民であり、秋から冬にかけての農閑期に鉄穴《かんな》流しをした。砂鉄や木炭を鈩へと運び、鈩で生産された鉄を集散地まで運んだのは馬を曳く馬士である。鉄の多くは、割鉄（庖丁鉄）・鋼という素材のまま売買されており、廻船業者によって大坂（大阪）、北陸方面へと運ばれた。鉄の集散地では、鳥取県倉吉市、島根県雲南市木次《きすき》町などのように鍛治町が形成されたところも知られ、千歯をはじめとした鉄製品の産地ともなっている。たたらは、鉄を生産した山間部だけでなく、鉄の流通・販売をした平野部の町や港との連携があってはじめて成り立つ地域産業であった。

たたら製鉄がもつ様々な〝顔〟や産業としての裾野の広さについては、これまで十分掘り下げられていない。こうした点を含め、本書が〝たたら〟像を見直すきっかけとなれば幸いである。

二〇一九年三月

角田徳幸

参考文献

全体に関するもの

石塚尊俊編一九六八『菅谷鑪』島根県教育委員会
角田徳幸二〇一四『たたら吹製鉄の成立と展開』清文堂出版
河瀬正利一九九五『たたら吹製鉄の技術と構造の考古学的研究』溪水社
相良英輔監修二〇〇五『鉄師絲原家の研究と文書目録』横田町教育委員会
相良英輔監修二〇〇六『櫻井家たたらの研究と文書目録』奥出雲町教育委員会
相良英輔監修二〇一二『田部家のたたら研究と文書目録』雲南市教育委員会
潮見　浩一九八二『東アジアの初期鉄器文化』吉川弘文館
俵　國一一九三三『古来の砂鉄製錬法』丸善

たたらのイメージ―プロローグ

浦谷年良一九九八『「もののけ姫」はこうして生まれた。』徳間書店
司馬遼太郎一九七九『街道をゆく7　砂鉄のみち　ほか』朝日新聞出版
高橋一郎一九九六「出雲の近世企業たたらの歴史」『ふぇらむ』Vol.1、No.11　日本鉄鋼協会
鳥谷智文二〇一〇「明治初年出雲地域における鉄山経営の特徴」『近世～近代初期山陰地域たたら製鉄史の研究』平成一九～二一年科学研究費補助金基盤研究（C）研究成果報告書

山本兼一二〇〇七『いっしん虎徹』文藝春秋

たたら製鉄への道

穴澤義功二〇〇三「古代製鉄に関する考古学的考察」『近世たたら製鉄の歴史』丸善プラネット
網野善彦一九八〇『日本中世の民衆像―平民と職人』岩波書店
上栫　武二〇一三「古代吉備の鉄生産」『古文化談叢』第七〇集　九州古文化研究会
角田徳幸・松尾充晶二〇一六『島根県における古代・中世製鉄遺跡の基礎的調査』島根県古代文化センター・島根県埋蔵文化財調査センター
長谷川博史一九九三「出雲国三沢氏の権力編成とその基盤―三沢氏による鉄の掌握」『山陰史談』二六　山陰歴史研究会
長谷川博史二〇一八『中世西日本水運と山陰地域の流通構造に関する研究』二〇一五～二〇一七年度科学研究費補助金基盤研究（C）研究成果報告書
広島大学文学部考古学研究室編一九九三『中国地方製鉄遺跡の研究』溪水社
福田豊彦一九九一「古代・中世の製鉄史における中国山地の位置」『瀬戸内海地域史研究』第三輯　文献出版
松井和幸二〇〇一『日本古代の鉄文化』雄山閣出版
村上恭通二〇〇七『古代国家成立過程と鉄器生産』青木書店
村上恭通編二〇〇六『日本列島における初期製鉄・鍛冶技術に関する実証的研究』愛媛大学法文学部

たたら製鉄の技術と信仰

安部正哉一九八五『金屋子縁起と炎の伝承　玉鋼の杜』金屋子神社
安間拓巳二〇〇六「中国地方の木炭窯」『たたら研究』第四五号　たたら研究会
角田徳幸二〇一七「錬鉄とその製作法」『たたら研究』特別号（六〇周年記念論文集）たたら研究会
角田徳幸編二〇一〇『都合山鈩の研究』鳥取県文化財保存協会
角田徳幸編二〇一一『砥波鈩の研究』鳥取県文化財保存協会
角田徳幸編二〇一七『砥波における砂鉄採取の研究』山陰たたら製鉄研究会
河瀬正利二〇〇〇「近世たたら吹製鉄の技術―製鉄用木炭の生産」『製鉄史論文集』たたら研究会
清永欣吾二〇〇三「錵押し法の成立の要因」『近世たたら製鉄の歴史』丸善プラネット
高橋一郎・野原建一一九九一「古文書からみた山陰地方のたたら」『金属の文化史』アグネ
武井博明一九六一「近世鉄山業の鞴について」『たたら研究』第六号　たたら研究会
鉄の道文化圏推進協議会編二〇〇四『金屋子神信仰の基礎的研究』岩田書院
徳安浩明一九九九「地理学における鉄穴流し研究の視点」『立命館地理学』第一一号　立命館地理学会
土井作治一九八三「近世たたら製鉄の技術」『講座・日本技術の社会史　第五巻　採鉱と冶金』日本評論社
松尾充晶編二〇〇四『田儀櫻井家―田儀櫻井家たたら製鉄に関する基礎調査報告書』多伎町教育委員会
山﨑一郎一九九三「近世鑪操業における炉床の補修作業について」『近世近代の社会と民衆』有元正雄先生退官記念論文集刊行会編　清文堂出版

山﨑　亮二〇一五「金屋子神縁起類の諸相―「金屋子神略記」と「金山姫宮縁起」をめぐって」『島根大学法文学部紀要　社会文化論集』第一一号　島根大学法文学部

海のたたら、山のたたら

角田徳幸二〇〇八「江津市桜谷鈩金鋳児神社と江の川下流域の鉄生産」『たたら研究』第四八号　たたら研究会
片山裕之・北村寿宏・高橋一郎二〇〇五「江戸時代における奥出雲たたら製鉄の経営の展開」『鉄と鋼』Vol. 91　日本鉄鋼協会
近藤寿一郎一九二六『日野郡に於ける砂鉄精錬業一班』
佐竹　昭二〇〇八「たたら製鉄と備後炭の出雲・伯耆流通」『たたら製鉄・石見銀山と地域社会』相良英輔先生退職記念論集刊行会編　清文堂出版
相良英輔監修二〇〇九『田儀櫻井家たたら史料と文書目録』出雲市教育委員会
相良英輔編著二〇〇九『松江藩鉄師頭取田部家の研究』島根大学「特定研究部門」たたら研究プロジェクト
鳥谷智文二〇一三「近世後期におけるたたら製鉄業の展開」『芸備地方史研究』第二八四号　芸備地方史研究会

たたら製鉄と近代

大橋周治一九七五『幕末明治製鉄史』アグネ
加地　至二〇〇一「明治期中国地方たたら製鉄業の地域動向と海軍需要」『瀬戸内地理』第一〇巻　地

域地理科学会
加地　至二〇〇三「明治期中国地方の在来製鉄業における動力化過程」『たたら研究』第四三号　たたら研究会
角田徳幸二〇一七「出雲の角炉製鉄」『近代日本製鉄・電信の源流　幕末明治初期の科学技術』岩田書院
河瀬正利二〇〇三「中国地方たたら吹製鉄の技術伝播」『中国地域と対外関係』山川出版社
榊　藤夫一九四四『砂鉄及びその精錬法』山海堂
鈴木卓夫一九九〇『たたら製鉄と日本刀の科学』雄山閣
野原建一二〇〇八『たたら製鉄業史の研究』溪水社
山内正明二〇一一「幕末期における佐賀藩反射炉鋳砲事業と石見産鉄の調達・運搬」『山陰におけるたたら製鉄の比較研究』島根県古代文化センター
渡辺一雄一九九七「大板山たたら製鉄遺跡―萩藩領における石見系たたらの一事例―」『先史学・考古学論究Ⅱ』龍田考古学会
渡辺ともみ二〇〇六『たたら製鉄の近代史』吉川弘文館

東アジアの中のたたら製鉄―エピローグ

角田徳幸二〇一六「韓国における砂鉄製錬」『たたら研究』第五五号　たたら研究会
潮見　浩二〇〇〇「東アジアの砂鉄製錬をめぐって」『製鉄史論文集』たたら研究会
北京鋼鉄学院中国古代冶金編集部（館充　訳）二〇一一『中国の青銅と鉄の歴史』慶友社
吉田光邦一九五五「天工開物の製錬・鋳造技術」『天工開物の研究』恒星社厚生閣

著者略歴
一九六二年、広島県に生まれる
一九八五年、島根大学文学専攻科修了
島根県教育庁文化財課、島根県立古代出雲歴史博物館などを経て
現在、島根県埋蔵文化財調査センター調整監、博士（文学）

〔主要著書・論文〕
『たたら吹製鉄の成立と展開』（清文堂出版、二〇一四年）
「韓国における砂鉄製錬」（『たたら研究』第五五号、二〇一六年）
「出雲の角炉製鉄」（『近代日本製鉄電信の源流』岩田書院、二〇一七年）
「錬鉄とその製作法」（『たたら研究』特別号〈六〇周年記念論文集〉、二〇一七年）

歴史文化ライブラリー
484

たたら製鉄の歴史

二〇一九年（令和元）六月一日　第一刷発行

著　者　角《かく》田《だ》徳《のり》幸《ゆき》
発行者　吉川道郎
発行所　株式会社 吉川弘文館
東京都文京区本郷七丁目二番八号
郵便番号一一三―〇〇三三
電話〇三―三八一三―九一五一〈代表〉
振替口座〇〇一〇〇―五―二四四
http://www.yoshikawa-k.co.jp/
印刷＝株式会社 平文社
製本＝ナショナル製本協同組合
装幀＝清水良洋・高橋奈々

ISBN978-4-642-05884-1

歴史文化ライブラリー

1996.10

刊行のことば

現今の日本および国際社会は、さまざまな面で大変動の時代を迎えておりますが、近づきつつある二十一世紀は人類史の到達点として、物質的な繁栄のみならず文化や自然・社会環境を謳歌できる平和な社会でなければなりません。しかしながら高度成長・技術革新にともなう急激な変貌は「自己本位な刹那主義」の風潮を生みだし、先人が築いてきた歴史や文化に学ぶ余裕もなく、いまだ明るい人類の将来が展望できていないようにも見えます。このような状況を踏まえ、よりよい二十一世紀社会を築くために、人類誕生から現在に至る「人類の遺産・教訓」としてのあらゆる分野の歴史と文化を「歴史文化ライブラリー」として刊行することといたしました。

小社は、安政四年（一八五七）の創業以来、一貫して歴史学を中心とした専門出版社として書籍を刊行しつづけてまいりました。その経験を生かし、学問成果にもとづいた本叢書を刊行し社会的要請に応えて行きたいと考えております。

現代は、マスメディアが発達した高度情報化社会といわれますが、私どもはあくまでも活字を主体とした出版こそ、ものの本質を考える基礎と信じ、本叢書をとおして社会に訴えてまいりたいと思います。これから生まれでる一冊一冊が、それぞれの読者を知的冒険の旅へと誘い、希望に満ちた人類の未来を構築する糧となれば幸いです。

吉川弘文館

歴史文化ライブラリー

文化史・誌

落書きに歴史をよむ――三上喜孝
霊場の思想――佐藤弘夫
跋扈《ばっこ》する怨霊 祟りと鎮魂の日本史――山田雄司
将門伝説の歴史――樋口州男
藤原鎌足、時空をかける 変身と再生の日本史――黒田 智
変貌する清盛 『平家物語』を書きかえる――樋口大祐
空海の文字とことば――岸田知子
日本禅宗の伝説と歴史――中尾良信
水墨画にあそぶ 禅僧たちの風雅――高橋範子
観音浄土に船出した人びと 熊野と補陀落渡海――根井 浄
殺生と往生のあいだ 中世仏教と民衆生活――苅米一志
浦島太郎の日本史――三舟隆之
〈ものまね〉の歴史 仏教・笑い・芸能――石井公成
戒名のはなし――藤井正雄
墓と葬送のゆくえ――森 謙二
運 慶 その人と芸術――副島弘道
ほとけを造った人びと 止利仏師から運慶・快慶まで――根立研介
祇園祭 祝祭の京都――川嶋將生
洛中洛外図屏風 つくられた〈京都〉を読み解く――小島道裕
化粧の日本史 美意識の移りかわり――山村博美
乱舞の中世 白拍子・乱拍子・猿楽――沖本幸子
神社の本殿 建築にみる神の空間――三浦正幸
古建築を復元する 過去と現在の架け橋――海野 聡
大工道具の文明史 日本・中国・ヨーロッパの建築技術――渡邉 晶
苗字と名前の歴史――坂田 聡
日本人の姓・苗字・名前 人名に刻まれた歴史――大藤 修
数え方の日本史――三保忠夫
大相撲行司の世界――根間弘海
日本料理の歴史――熊倉功夫
吉兆 湯木貞一 料理の道――末廣幸代
日本の味 醤油の歴史――林 玲子・天野雅敏編
中世の喫茶文化 儀礼の茶から「茶の湯」へ――橋本素子
天皇の音楽史 古代・中世の帝王学――豊永聡美
流行歌の誕生 「カチューシャの唄」とその時代――永嶺重敏
話し言葉の日本史――野村剛史
「国語」という呪縛 国語から日本語へ、そして〇〇語へ――川口 良・角田史幸
柳宗悦と民藝の現在――松井 健
遊牧という文化 移動の生活戦略――松井 健
マザーグースと日本人――鷲津名都江

歴史文化ライブラリー

たたら製鉄の歴史——角田徳幸
金属が語る日本史 銭貨・日本刀・鉄炮——齋藤 努
書物と権力 中世文化の政治学——前田雅之
書物に魅せられた英国人 フランク・ホーレーと日本文化——横山 學
災害復興の日本史——安田政彦

民俗学・人類学

日本人の誕生 人類はるかなる旅——埴原和郎
倭人への道 人骨の謎を追って——中橋孝博
神々の原像 祭祀の小宇宙——新谷尚紀
役行者と修験道の歴史——宮家 準
幽霊 近世都市が生み出した化物——高岡弘幸
雑穀を旅する——増田昭子
川は誰のものか 人と環境の民俗学——菅 豊
名づけの民俗学 地名・人名はどう命名されてきたか——田中宣一
番と衆 日本社会の東と西——福田アジオ
記憶すること・記録すること 聞き書き論ノート——香月洋一郎
番茶と日本人——中村羊一郎
柳田国男 その生涯と思想——川田 稔

世界史

中国古代の貨幣 お金をめぐる人びとと暮らし——柿沼陽平
渤海国とは何か——古畑 徹
古代の琉球弧と東アジア——山里純一
アジアのなかの琉球王国——高良倉吉
琉球国の滅亡とハワイ移民——鳥越皓之
フランスの中世社会 王と貴族たちの軌跡——渡辺節夫
ヒトラーのニュルンベルク 第三帝国の光と闇——芝 健介
人権の思想史——浜林正夫
グローバル時代の世界史の読み方——宮崎正勝

考古学

タネをまく縄文人 最新科学が覆す農耕の起源——小畑弘己
農耕の起源を探る イネの来た道——宮本一夫
老人と子供の考古学——山田康弘
〈新〉弥生時代 五〇〇年早かった水田稲作——藤尾慎一郎
交流する弥生人 金印国家群の時代の生活誌——高倉洋彰
文明に抗した弥生の人びと——寺前直人
樹木と暮らす古代人 木製品が語る弥生・古墳時代——樋上 昇
古 墳——土生田純之
東国から読み解く古墳時代——若狭 徹
埋葬からみた古墳時代 女性・親族・王権——清家 章
神と死者の考古学 古代のまつりと信仰——笹生 衛

歴史文化ライブラリー

平安京はいらなかった 古代の夢を喰らう中世―桃崎有一郎
天台仏教と平安朝文人―後藤昭雄
藤原摂関家の誕生 平安時代史の扉―米田雄介
安倍晴明 陰陽師たちの平安時代―繁田信一
平安時代の死刑 なぜ避けられたのか―戸川 点
古代の神社と神職 神をまつる人びと―加瀬直弥
時間の古代史 霊鬼の夜、秩序の昼―三宅和朗

中世史

列島を翔ける平安武士 九州・京都・東国―野口 実
源氏と坂東武士―野口 実
平氏が語る源平争乱―永井 晋
熊谷直実 中世武士の生き方―高橋 修
中世武士 畠山重忠 秩父平氏の嫡流―清水 亮
頼朝と街道 鎌倉政権の東国支配―木村茂光
大道 鎌倉時代の幹線道路―岡 陽一郎
鎌倉源氏三代記 一門・重臣と源家将軍―永井 晋
鎌倉北条氏の興亡―奥富敬之
三浦一族の中世―高橋秀樹
都市鎌倉の中世史 吾妻鏡の舞台と主役たち―秋山哲雄
弓矢と刀剣 中世合戦の実像―近藤好和
その後の東国武士団 源平合戦以後―関 幸彦
荒ぶるスサノヲ、七変化 〈中世神話〉の世界―斎藤英喜
曽我物語の史実と虚構―坂井孝一
親 鸞―平松令三
親鸞と歎異抄―今井雅晴
畜生・餓鬼・地獄の中世仏教史 因果応報と悪道―生駒哲郎
神や仏に出会う時 中世びとの信仰と絆―大喜直彦
神風の武士像 蒙古合戦の真実―関 幸彦
鎌倉幕府の滅亡―細川重男
足利尊氏と直義 京の夢、鎌倉の夢―峰岸純夫
高 師直 室町新秩序の創造者―亀田俊和
新田一族の中世 「武家の棟梁」への道―田中大喜
皇位継承の中世史 血統をめぐる政治と内乱―佐伯智広
地獄を二度も見た天皇 光厳院―飯倉晴武
東国の南北朝動乱 北畠親房と国人―伊藤喜良
南朝の真実 忠臣という幻想―亀田俊和
中世の巨大地震―矢田俊文
大飢饉、室町社会を襲う!―清水克行
贈答と宴会の中世―盛本昌広
出雲の中世 地域と国家のはざま―佐伯徳哉

歴史文化ライブラリー

山城国一揆と戦国社会―川岡　勉
中世武士の城―齋藤慎一
戦国の城の一生 つくる・壊す・蘇る―竹井英文
武田信玄―平山　優
徳川家康と武田氏 信玄・勝頼との十四年戦争―本多隆成
戦国大名の兵粮事情―久保健一郎
戦乱の中の情報伝達 使者がつなぐ中世京都と在地―酒井紀美
戦国時代の足利将軍―山田康弘
室町将軍の御台所 日野康子・重子・富子―田端泰子
名前と権力の中世史 室町将軍の朝廷戦略―水野智之
戦国貴族の生き残り戦略―岡野友彦
鉄砲と戦国合戦―宇田川武久
検証　長篠合戦―平山　優
織田信長と戦国の村 天下統一のための近江支配―深谷幸治
検証　本能寺の変―谷口克広
加藤清正 朝鮮侵略の実像―北島万次
落日の豊臣政権 秀吉の憂鬱、不穏な京都―河内将芳
豊臣秀頼―福田千鶴
偽りの外交使節 室町時代の日朝関係―橋本　雄
朝鮮人のみた中世日本―関　周一
ザビエルの同伴者 アンジロー 戦国時代の国際人―岸野　久
海賊たちの中世―金谷匡人
アジアのなかの戦国大名 西国の群雄と経営戦略―鹿毛敏夫
琉球王国と戦国大名 島津侵入までの半世紀―黒嶋　敏
天下統一とシルバーラッシュ 銀と戦国の流通革命―本多博之

近世史

細川忠利 ポスト戦国世代の国づくり―稲葉継陽
江戸の政権交代と武家屋敷―岩本　馨
江戸の町奉行―南　和男
江戸御留守居役 近世の外交官―笠谷和比古
検証　島原天草一揆―大橋幸泰
大名行列を解剖する 江戸の人材派遣―根岸茂夫
江戸大名の本家と分家―野口朋隆
〈甲賀忍者〉の実像―藤田和敏
江戸の武家名鑑 武鑑と出版競争―藤實久美子
江戸の出版統制 弾圧に翻弄された戯作者たち―佐藤至子
武士という身分 城下町萩の大名家臣団―森下　徹
旗本・御家人の就職事情―山本英貴
武士の奉公　本音と建前 江戸時代の出世と処世術―高野信治
宮中のシェフ、鶴をさばく 江戸時代の朝廷と庖丁道―西村慎太郎

歴史文化ライブラリー

馬と人の江戸時代―兼平賢治
犬と鷹の江戸時代〈犬公方〉綱吉と〈鷹将軍〉吉宗―根崎光男
紀州藩主 徳川吉宗 明君伝説・宝永地震・隠密御用―藤本清二郎
近世の巨大地震―矢田俊文
江戸時代の孝行者「孝義録」の世界―菅野則子
死者のはたらきと江戸時代 遺訓・家訓・辞世―深谷克己
近世の百姓世界―白川部達夫
闘いを記憶する百姓たち 江戸時代の裁判学習帳―八鍬友広
江戸の寺社めぐり 鎌倉・江ノ島・お伊勢さん―原 淳一郎
江戸のパスポート 旅の不安はどう解消されたか―柴田 純
〈身売り〉の日本史 人身売買から年季奉公へ―下重 清
江戸の捨て子たち その肖像―沢山美果子
江戸の乳と子ども いのちをつなぐ―沢山美果子
エトロフ島 つくられた国境―菊池勇夫
江戸時代の医師修業 学問・学統・遊学―海原 亮
江戸の流行り病 麻疹騒動はなぜ起こったのか―鈴木則子
江戸幕府の日本地図 国絵図・城絵図・日本図―川村博忠
江戸の地図屋さん 販売競争の舞台裏―俵 元昭
踏絵を踏んだキリシタン―安高啓明
墓石が語る江戸時代 大名・庶民の墓事情―関根達人
近世の仏教 華ひらく思想と文化―末木文美士
江戸時代の遊行聖―圭室文雄
松陰の本棚 幕末志士たちの読書ネットワーク―桐原健真
龍馬暗殺―桐野作人
幕末の世直し 万人の戦争状態―須田 努
幕末の海防戦略 異国船を隔離せよ―上白石 実
幕末の海軍 明治維新への航跡―神谷大介
江戸の海外情報ネットワーク―岩下哲典

近・現代史

江戸無血開城 本当の功労者は誰か?―岩下哲典
五稜郭の戦い 蝦夷地の終焉―菊池勇夫
水戸学と明治維新―吉田俊純
大久保利通と明治維新―佐々木 克
旧幕臣の明治維新 沼津兵学校とその群像―樋口雄彦
刀の明治維新「帯刀」は武士の特権か?―尾脇秀和
維新政府の密偵たち 御庭番と警察のあいだ―大日方純夫
京都に残った公家たち 華族の近代―刑部芳則
文明開化 失われた風俗―百瀬 響
西南戦争 戦争の大義と動員される民衆―猪飼隆明
大久保利通と東アジア 国家構想と外交戦略―勝田政治

歴史文化ライブラリー

明治の政治家と信仰 クリスチャン民権家の肖像——小川原正道
文明開化と差別——今西 一
大元帥と皇族軍人 明治編——小田部雄次
明治の皇室建築 国家が求めた〈和風〉像——小沢朝江
皇居の近現代史 開かれた皇室像の誕生——河西秀哉
明治神宮の出現——山口輝臣
神都物語 伊勢神宮の近現代史——ジョン・ブリーン
陸軍参謀 川上操六 日清戦争の作戦指導者——大澤博明
日清・日露戦争と写真報道 戦場を駆ける写真師たち——井上祐子
公園の誕生——小野良平
啄木短歌に時代を読む——近藤典彦
鉄道忌避伝説の謎 汽車が来た町、来なかった町——青木栄一
軍隊を誘致せよ 陸海軍と都市形成——松下孝昭
家庭料理の近代——江原絢子
お米と食の近代史——大豆生田 稔
日本酒の近現代史 酒造地の誕生——鈴木芳行
失業と救済の近代史——加瀬和俊
近代日本の就職難物語 「高等遊民」になるけれど——町田祐一
選挙違反の歴史 ウラからみた日本の一〇〇年——季武嘉也
海外観光旅行の誕生——有山輝雄

関東大震災と戒厳令——松尾章一
昭和天皇とスポーツ 〈玉体〉の近代史——坂上康博
昭和天皇側近たちの戦争——茶谷誠一
大元帥と皇族軍人 大正・昭和編——小田部雄次
海軍将校たちの太平洋戦争——手嶋泰伸
植民地建築紀行 満洲・朝鮮・台湾を歩く——西澤泰彦
稲の大東亜共栄圏 帝国日本の〈緑の革命〉——藤原辰史
地図から消えた島々 幻の日本領と南洋探検家たち——長谷川亮一
自由主義は戦争を止められるのか 芦田均・清沢洌・石橋湛山——上田美和
モダン・ライフと戦争 スクリーンのなかの女性たち——宜野座菜央見
彫刻と戦争の近代——平瀬礼太
軍用機の誕生 日本軍の航空戦略と技術開発——水沢 光
首都防空網と〈空都〉多摩——鈴木芳行
帝都防衛 戦争・災害・テロ——土田宏成
陸軍登戸研究所と謀略戦 科学者たちの戦争——渡辺賢二
帝国日本の技術者たち——沢井 実
〈いのち〉をめぐる近代史 堕胎から人工妊娠中絶へ——岩田重則
強制された健康 日本ファシズム下の生命と身体——藤野 豊
戦争とハンセン病——藤野 豊
「自由の国」の報道統制 大戦下の日系ジャーナリズム——水野剛也

歴史文化ライブラリー

海外戦没者の戦後史 遺骨帰還と慰霊――浜井和史
学徒出陣 戦争と青春――蜷川壽惠
沖縄戦 強制された「集団自決」――林 博史
陸軍中野学校と沖縄戦 知られざる少年兵「護郷隊」――川満 彰
沖縄からの本土爆撃 米軍出撃基地の誕生――林 博史
原爆ドーム 物産陳列館から広島平和記念碑へ――頴原澄子
米軍基地の歴史 世界ネットワークの形成と展開――林 博史
沖縄 占領下を生き抜く 軍用地・通貨・毒ガス――川平成雄
考証 東京裁判 戦争と戦後を読み解く――宇田川幸大
昭和天皇退位論のゆくえ――冨永 望
ふたつの憲法と日本人 戦前・戦後の憲法観――川口暁弘
鯨を生きる 鯨人の個人史・鯨食の同時代史――赤嶺 淳
文化財報道と新聞記者――中村俊介
各冊一七〇〇円～二〇〇〇円（いずれも税別）
▽残部僅少の書目も掲載してあります。品切の節はご容赦下さい。
▽品切書目の一部について、オンデマンド版の販売も開始しました。
詳しくは出版図書目録、または小社ホームページをご覧下さい。